ロボットとシンギュラリティ

ロボットが人間を超える時代は来るか

Robots and Technological Singularity
text by Hitoshi Kino

福岡工業大学教授
木野 仁

彩図社

はじめに

私の専門はロボット工学であり、日々、大学教育や学校運営業務、学会活動の傍らでロボットの研究に勤《いそ》しんでいる。一口《ひとくち》にロボット工学と言っても、その対象はヒューマノイドロボットやレスキューロボット、人工筋肉から昆虫サイボーグまで、かなり多様に存在する。私は数多くあるロボット工学の中で、ほんの一部の研究を行なっているに過ぎない。その研究を行なう上で、必要に応じて人工知能も利用する。ただし、人工知能はどちらかと言えば単なる利用者の立場であり、最先端の人工知能の研究をしているわけではない。

そんな私のささやかな趣味の1つが、「立ち飲み屋巡り」である。いわゆる「角打ち」と呼ばれる、安価にお酒や肴《さかな》を提供してくれるパラダイスだ。家の近所の立ち飲み屋はもとより、出張先でもホテルの近所の立ち飲み屋を探し、飲み歩く。そして、そんな立ち飲み屋には、様々な立場の人たちが集まり、お酒を飲みながら思い思いの話題に花が咲くのである。
普段はいささかシャイで口数も少ない私であるが、お酒が入ることで初対面の人とも話をすることが容易となる。お酒を飲んで話が盛り上がってくると、「あなたのご職業は何ですか？」というような質問が出てきて、「地方の大学でロボットの研究をしています」などと答えると、多くの人が目の色を変えてロボットの話題を振ってくる。そして、多くの場合は、次のような質問である。

「このまま人工知能が発達すれば、人工知能を持ったロボットが人類を襲ってくるのではないか⁉　そこまで行かなくても、10年後には人間の仕事がロボットに奪われ、みんな失業するのではないか⁉」

こうした質問をされるとき、多くの場合は悲観的な口調である。この段階で多くの人の中で「ロボット＝人工知能」のイメージが出来上がっており、まずはその違いを説明するのだが、お酒が入っていることでなかなか細かい話は通じない。
確かに昨今は人工知能ブームである。「猫も杓子も人工知能」といった感じであるが、個人的には、少し前に流行った「マイナスイオン」や「マルチメディア」というブームと似ている気がする。数年前にも「ユビキタス」という言葉が流行ったが、今となってはあまり聞かない言葉になった。「マルチメディア」という言葉が流行った頃、ある有名な作家さんが自分自身の肩書きに「ハイパーメディアクリエイター」なるものを使っていたらしいが、今となっては恥ずかしさも否定できない。

人工知能ブームから生じる「ロボットに対する一般の人の考え」に触れて、私はもう少し冷静になった方がいいと考えている。きっと数年も経てば「そういえば、そんなこともあったよね……」という時代がくるだろう。

以前よりお世話になっている彩図社の編集長より本書の執筆依頼を受けたとき、多くの人が抱いている人工知能やロボットに対して、現状をお伝えできる大きなチャンスであると考え、筆を執ることにした。

本書で紹介する内容は必ずしも全てが最新情報というわけでなく、ロボットに関することを全て網羅しているわけでもない。また、執筆時点では最新情報でも、ロボット工学の世界は日進月歩であり、すぐに古い技術となってしまうだろう。しかし、読者が冷静にロボット技術の現状を理解するには、良い機会になってくれることを信じている。

本書はあくまでも、普段ロボットにあまり馴染みのない一般の方を対象としている。したがって、「ロボットの最新技術を学びたい！　最新の学術論文を読んで勉強したい！」という読者には物足りない内容であろう。そのような方は、ぜひとも専門的な良書にチャレンジして頂きたい。

なお、本書の内容にはかなり私の主観が入っているので、あくまでも筆者個人の意見であることをお断りしておく。

ロボットとシンギュラリティ

目次

はじめに……2

第1章　ロボットの歴史

シンギュラリティとは何か……14
ロボットの歴史……18
近代以前（古代〜19世紀初頭まで）／近代（第二次世界大戦まで）／第二次世界大戦以降
ロボットと人工知能……29
人工知能の歴史／人工知能の技法／人工知能の問題点／進化する人工知能

第2章 ロボット技術はどこまで進んだか

産業用ロボットの今……46
移動ロボット……52
クローラロボットとホイールロボット／多足（多脚）ロボット／転がりロボット／空中ロボット／水中ロボット
宇宙探査ロボット……72
宇宙用ロボットアームの操縦／惑星探査機
レスキューロボット……81
地震災害用ロボット／地震災害におけるレスキューロボットの課題と解決案／原発処理ロボット（廃炉ロボット）／その他のレスキューロボット（火山調査、消火活動、海難救助）
ウェアラブルロボット……96
ミチビキエンゼルタイプ／パワードスーツタイプ

サイバネティクス……107
サイバネティクスと人工臓器／昆虫サイボーグ
医療・福祉ロボット……114
医療ロボット／介護ロボット

第3章 ロボット技術の最前線——ヒューマノイドロボットの現在

ヒューマノイドロボットの活躍……128
バク宙するヒューマノイドロボットとヒューマノイドロボットの現状／ロボットは目的を限定した方が使いやすい／マネキン・ヒューマノイドロボット／乗り物を運転するヒューマノイドロボット／マッサージチェアは「特化型ヒューマノイドロボット」？／接客業から見たヒューマノイドロボットと人間との関わり

第4章 ロボットが人間を襲う可能性はあるか？
自己生産するロボット …… 150
ロボットは万能か？ …… 154
ロボットは人間を襲うのか？ …… 159
ロボットをハックして子供たちを洗脳する話
第5章 シンギュラリティと人間の幸福
ロボット技術の未来はどうなるか …… 176
20年後の技術／過去から今を考えてみる／マスコミの煽りを真に受けてはいけない

生活に余裕があれば人は幸せになれるのか？ …… 186
「不便益」という概念 …… 190

おわりに …… 196

参考文献 …… 198
参考ＵＲＬ …… 198
本文画像引用元 …… 204

第1章

ロボットの歴史

シンギュラリティとは何か

昨今、「シンギュラリティ」という言葉を耳にする機会が多い。シンギュラリティとはいったい何であろうか?

シンギュラリティは日本語で「特異性」を意味する。そして、物事が特異な状態になる状況のことを「特異点（シンギュラーポイント）」という。一般的に「特異点」とは、数学や工学でよく出てくるコモンワード（共通語）である。数学などでは厳密な定義が存在し、また、細分化された専門分野の中でそれぞれ意味が異なる。専門的かつ厳密な意味は説明が難しいので、すごく簡単に言えば何かを計算する上で計算不能におちいる状態の事を言う。

例として、物理公式で説明しよう。例えば2つの物体がお互いの万有引力で引っ張り合う場合、そのときの引力は次の式で示される。

$$f = G\frac{Mm}{r^2}$$

ここでfは2つの物体に発生する力、Gは万有引力定数、rは2つの物体の重心間の距離、

Mとmは2つの物体のそれぞれの質量である。

この式より、万有引力は物体の距離rの二乗に反比例する。そして距離rがどんなに小さくても、値がゼロでなければ力fは計算できる。しかし、完全にr=0の時、右辺は分母がゼロになって、力fは無限大（もしくはマイナス無限大）となり、計算不能になってしまう。このような特別な状態が特異点である。

同様のことは、例えばブラックホールでも言える。ブラックホールの物理計算では、中心付近でどのような現象が起きるか計算できるが、ブラックホールの本当のド真ん中ではどんな事が起きているのか物理計算ができない。また、宇宙の創成においても、ビッグバンやインフレーションなどを通じて宇宙が創成され、時間と空間が始まったとされるが、その宇宙が始まった瞬間のちょうどゼロ秒の時点は何が起こったのか計算不能なのである（ただし、時間がゼロから少しだけ進めば計算は可能である）。いずれにしても、このようにある特別な状態で計算が出来ないような状態を特異点（シンギュラーポイント）という。

ところが、昨今の一般会話で「シンギュラリティ」という言葉を用いる場合には「技術的特異性」を意味することが多い。感覚的に言えば、技術が進みすぎて今までの概念では想像出来ないような状況のことをイメージしてもらえれば良いと思う。

ただし狭義では、とりわけ人工知能（ＡＩ）の分野に限って言えば、レイ・カーツワイル博士により唱えられた人工知能の発展に関する概念のことを指す。近年の情報処理技術の凄まじい発展により、人間の脳神経の一部の働きはコンピュータシミュレーションで再現可能となっている。そして近い将来、コンピュータの処理能力は人間の脳の働きを完全に超え、コンピュータで作られた人工知能が「意識」を持つ可能性がある。この人工知能が人間の脳の能力を超えることを「シンギュラリティ」と呼んでおり、これが実現されればそれまでの人工知能とは比較にならないレベルの人工知能が登場し、劇的に我々の生活が変わるというものだ。そして、カーツワイル博士は２０４５年にはシンギュラリティが実現するとしている。

一般には「人工知能≠ロボット」と考えられていることもあり、上記の概念が転じて、人工知能を含めたロボット技術などにおいて人間を超えるようなスゴイ技術が到来する事態をシンギュラリティ（技術的特異点）と呼ぶこともある。

本書では、その中でも特にロボット技術に注目する。ロボットと言う言葉の概念は少し曖昧だが「人工知能を搭載したもの」「人工知能を搭載していないもの」を含めた少し広い意味でのロボットである。今でこそロボットが一般社会を賑わしているが、このようなロボット技術は1980年代くらいまでは産業用といった一部を除けば、テレビやSFの世界の出来事であった。しかしながら、1990年代の急速な科学技術の発達を経て2000年代から徐々に一般社会にロボットが浸透しつつあり、今や人工知能と相まってロボット技術は社会になくてはならない存在となってきている。

私の研究分野はロボット工学であり、人工知能はあくまでもツールとして使うレベルである。だが、たまに一般の方とお話する機会があると、多くの方からロボットと人工知能の未来を心配する声を聞く。特にマスコミが盛んに煽り立てている「10年後に特定の職業はロボット・人工知能に奪われる」というのは、本当にそんなことが起こるのだろうか？　そもそも、現時点でロボットや人工知能はどの程度、技術が進んでいるのだろうか？

そうした声に応えるために、本書ではロボットの発展の経緯や近年のロボット技術を解説し、過去と現在を振り返りながら、今後のロボット技術とシンギュラリティについて、そしてその先にある我々の未来について考えていきたい。

ただし、ロボットも人工知能も日進月歩の技術であり、どんどん新しい技術が開発されている。日進月歩で進化する技術を全て調査し、限られた紙面で紹介するのは困難であるため、本書で紹介する事項以外にもロボット技術は多岐にわたっていることをお断りしておく。

ロボットの歴史

今日、ロボットと一口《ひとくち》に言っても漠然とした非常に多くの意味を持ち、その言葉は必ずしもキッチリと枠にハマったものではない。ある人はサイボーグ００９のようなサイボーグを思い浮かべるかもしれないし、ある人はドラえもんのような便利なロボット、ある人はガンダムやマジンガーZのような巨大ロボットを思い浮かべるかもしれない。また、必ずしも人間型ロボットを意味するわけでもなく、産業用ロボットや惑星探査機ローバーなどの移動ロボットを思い描くかもしれない。

このようにロボットの明確な定義は難しいが、とりあえずは「機械仕掛けで人間のような何か複雑な動きをするもの」と考えて、ロボットの歴史を簡単に振り返ってみよう。

近代以前（古代～19世紀初頭まで）

古代のロボット（のようなもの）を考えてみると、神話や物語などにロボットに類似した

図1-1：ヘロンの蒸気機関（左）と風力オルガン（右上）、
クテシビオスの水オルガン（右下）

モノが登場している。例えば神話などに登場するゴーレムのように、粘土や金属などで作られた自律的に動く人工物であり、召使いのような働きをするものがある。

そうした伝承の産物以外に、おそらく古代より簡易的な機構を用いて自動で運動する機械は製作されており、これらがロボットの原型であると考えられる。このような自動機械は「オートマタ」とも呼ばれ、紀元前4世紀頃の古代ギリシャではオートマタを利用することで人間の奴隷廃止の可能性の議論がなされたと言われている。今から約2400年前に、既にロボット（オートマタ）による省人化について議論されていたのは興味深い。ほぼ同時代に書かれた古代中国の書物『列子《れっし》』には機械人形を作成した

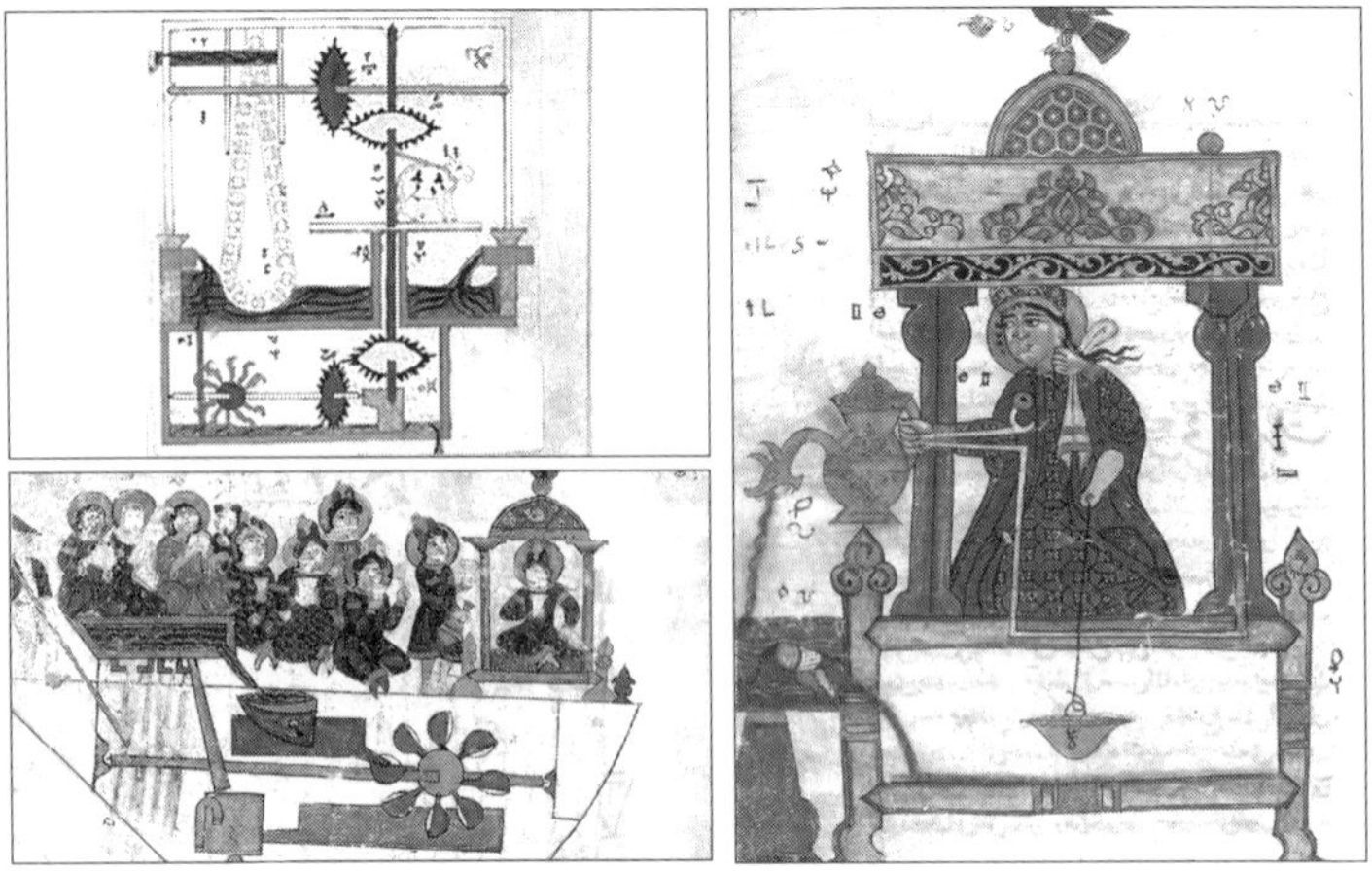

図1-2：アル・ジャザリの揚水車（左上）と楽団オートマタ（左下）、水洗機能付き手洗いオートマタ（右）

人物の記述があるという。

実際に自動で動く機械の具体的な仕組みとしては、紀元前3～1世紀頃までには古代ローマにおいてクテシビオス、ヘロン、フィロンなどの発明家により様々な発明がされたと言われている。これらの発明は今日の科学技術の基礎となるものが多い（図1 - 1）。

時代が進んで10世紀以降になると、金属製のゼンマイやバネなどの機械技術が発展し、より高度な動作をする自動機械が製作されていった。さらにこの頃になると、人間を模したオートマタも数多く製作されるようになる。例えば12世紀の発明家アル・ジャザリは、『巧妙な機械装置に関する知識の書』を執筆し、クランクやカム、機械式コントロールなどの機械装置の

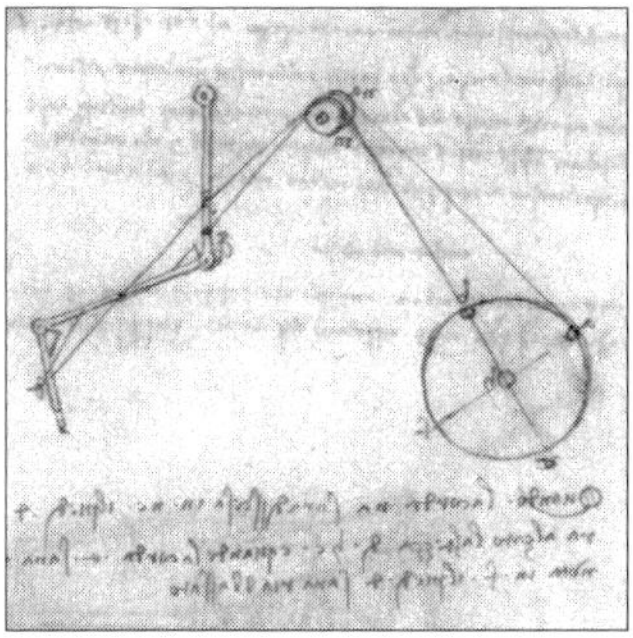

図1-3：レオナルドダヴィンチのスケッチ（出典／『マドリッド手稿Ⅰ』(マドリッド国立図書館蔵本原本複製、岩波書店）

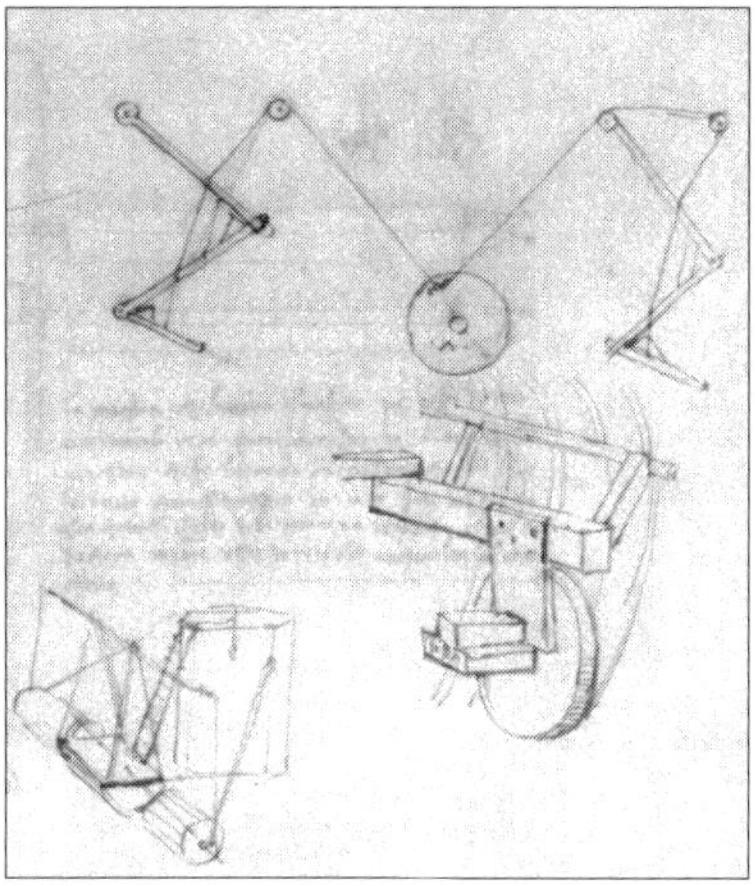

仕組みを解説した。さらに水力駆動のウェイトレスや楽団などの多種多様なオートマタを作成し、現在のロボット技術の基礎を築いた。アル・ジャザリのオートマタ楽団は機械式にプログラムが可能であり、音楽の演奏に合わせて顔や体の動きをコントロールできたという（図1‐2）。

このような機械仕掛けの装置や生物を模した機械などは、単に娯楽や道具、オモチャとしてだけでなく宗教的な意味合いを持つ人形として利用されたといわれている。

そして、15世紀になると有名なレオナルド・ダ・ヴィンチが登場する。彼はライオンを模したロボットのような自動機械の詳細なスケッチを作成した（図1‐3）。その後、16世紀ヨーロッパでは仕掛け噴水や水力駆動によるオートマタを配置した庭園が流行する。

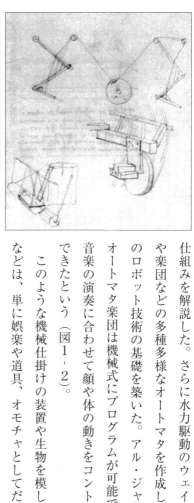

図1-4：ジャック・ド・ヴォーカンソンのアヒルのレプリカ（左：画像引用／Wikimedia Commons）と田中久重のからくり人形「弓曳童子」（右上）と「文字書き人形」（右下）（右２枚：©稲益誠之）

18世紀頃になるとオートマタもかなり高度化する。フランスのジャック・ド・ヴォーカンソンはアヒルのオートマタを発明し、シリンダ機構などを利用してアヒルは翼を羽ばたかせ、声をあげて餌を食べ、水を飲み、排せつする仕掛けだったという（図１‐４左）。

この頃は日本では江戸時代である。江戸時代にはオートマタと同じ概念である茶運び人形などのからくり人形が盛んに作られた。日本のからくり人形の制作者として特に有名なのが幕末から明治初期に活躍した田中久重《ひさしげ》である。彼は芝浦製作所（後の東芝の重電部門）の創業者であり、「東洋のエジソン」「からくり儀右衛門」などと呼ばれ、

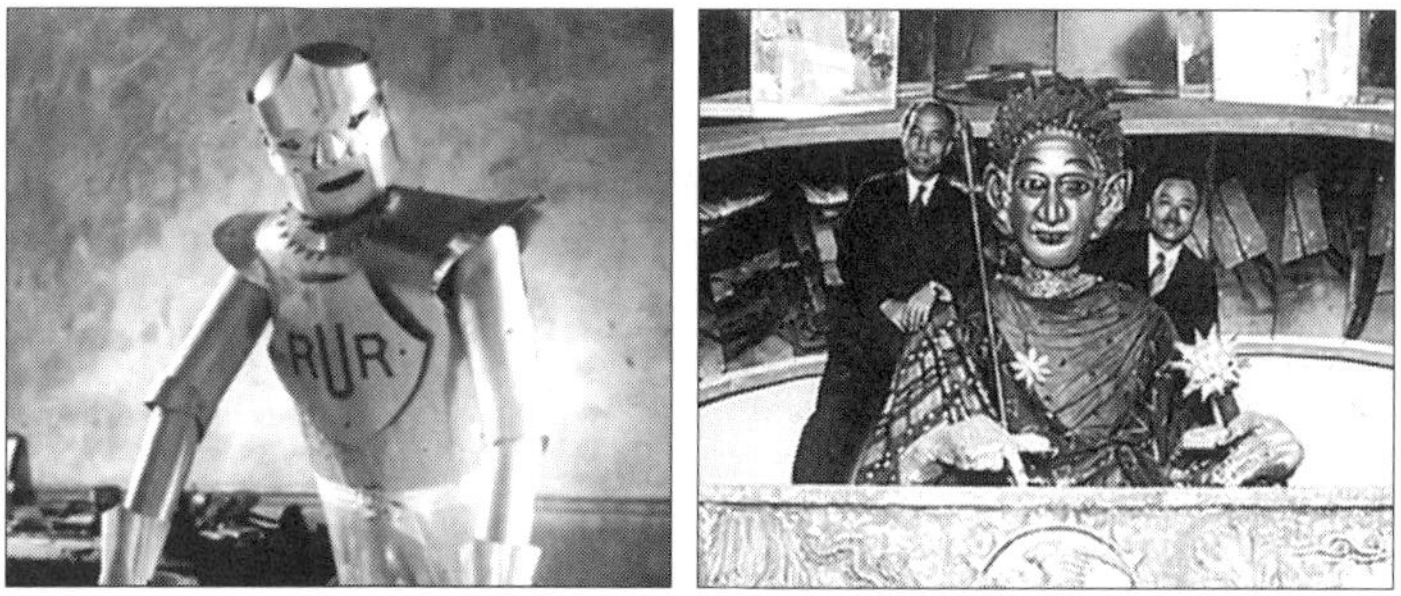

図1-5：Eric（左：画像引用／英国科学博物館）と學天則（右）

数多くの発明品を残した。からくり人形の最高傑作として特に有名なものが「弓曳《ゆみひき》童子」と「文字書き人形」である（図1‐4右）。余談であるが、この田中久重は幕末の佐賀藩で大砲製造などの最新技術に携わり、明治維新における官軍の軍事面の優位性に大きく貢献した人物の一人である。

近代（第二次世界大戦まで）

18世紀半ばから産業革命が起こると、様々な工業技術が急速に発展し、機械の自動化の流れが加速した。20世紀初頭、当時のチェコスロバキアの小説家カレル・チャペックが「ロボット」の名称を使用し、それが広まった。そして、1928年、世界初のヒューマノイドロボットと言われる「Eric（エリック）」がイギリスで製作され、日本でも同じく1928年には「學天則《がくてんそく》」と言うロボットが製作されている（図1‐5）。当時の最新の科学技術はロボットのみならず、世界大戦の新兵器に代表されるような、人間を驚愕させるような自動機械に応用されていった。

第二次世界大戦以降

第二次世界大戦後には、実用できるレベルに達したデジタルコンピュータが登場し、科学技術を劇的に進化させることになった。デジタルコンピュータが登場する以前のロボットでは、基本的には決まった動作しか出来ず、複雑な動作や状況に応じた動作には対応できなかった。しかし、コンピュータの登場で様々なセンサ情報をプログラム処理し、ロボットの関節の複雑なコントロールが容易に可能となった。また、センサやモータの性能も格段に向上していった。

ＳＦの世界では作家で生化学者のアイザック・アシモフが自らのＳＦ小説において、「人間への安全性」「命令への服従」「自己防衛」の３つから成る、ロボットが従うべき「ロボット三原則」を示した。このロボット三原則はロボットが登場するミステリ小説における、ある種の「謎解き設定」のようなものであり、小説では三原則に従おうとすることでロボッ

図1-6：産業用ロボットの一例

トが事件を起こしていくのを主人公たちがそのトリックを解明するといったものであった。

ロボット三原則が「ロボット工学の技術にも大きな影響を与えた」と言われ続けているのだが、これにはいささか疑問を抱く。後述するように、現実のロボットは製作者の意思によって殺戮《さつりく》マシーンにもなるし、医療・福祉ロボットにもなりうる。アシモフのSF作家としての才能は高く評価するが、個人的にはロボット三原則については話が一人歩きして、過大評価されている気がしてならない。

１９７０年代になると、欧米の企業を中心に産業用ロボットの市場が急速に開拓されていった。産業用ロボットは人間の労働者に代わり、工場内の作業を行なうものである（図１‐６）。自動化により工場内の労働者数が削減できれば、人件費削減による商品の低コスト化を図ることが出来る。産業用ロボットの市場は徐々に大きくなり、多くの工場で産業用ロボットが導入されていった。さらに、1970年代末になると日本の企業も産業用ロボットの市場に参入していき、1980年代後半のバブル期には「ジャパン・アズ・ナンバーワン」と謳《うた》われたように、産業用ロボットにおいても、日本企業は世界の中で多くのシェアを占めるようになったのである。

産業用ロボットが市場に出回り技術革新が進んでいくと、ロボットに対する夢は膨らむものである。日本では1970年頃にSFとして鉄腕アトムがアニメ化され、マジンガーZ、機動戦士ガンダムなど、ロボットが活躍するアニメ作品が公開されていった。また、現実のロボットとしては1970年に大阪万国博覧会が開催され、その15年後の1985年には国際科学技術博覧会（つくば科学博）が開催され、当時としては最先端の多くのロボットが展示された。これらの万博で登場したロボットは無骨な産業用ロボットとは異なり、SFに登場するロボットに近く馴染みやすい外見をしているものが多く、近い将来にこのようなロボットが家庭に普及する予感を十分に漂わせるものであった。

1990年代に入ると、安価なパソコンの普及とともに技術開発もこれまで以上に加速す

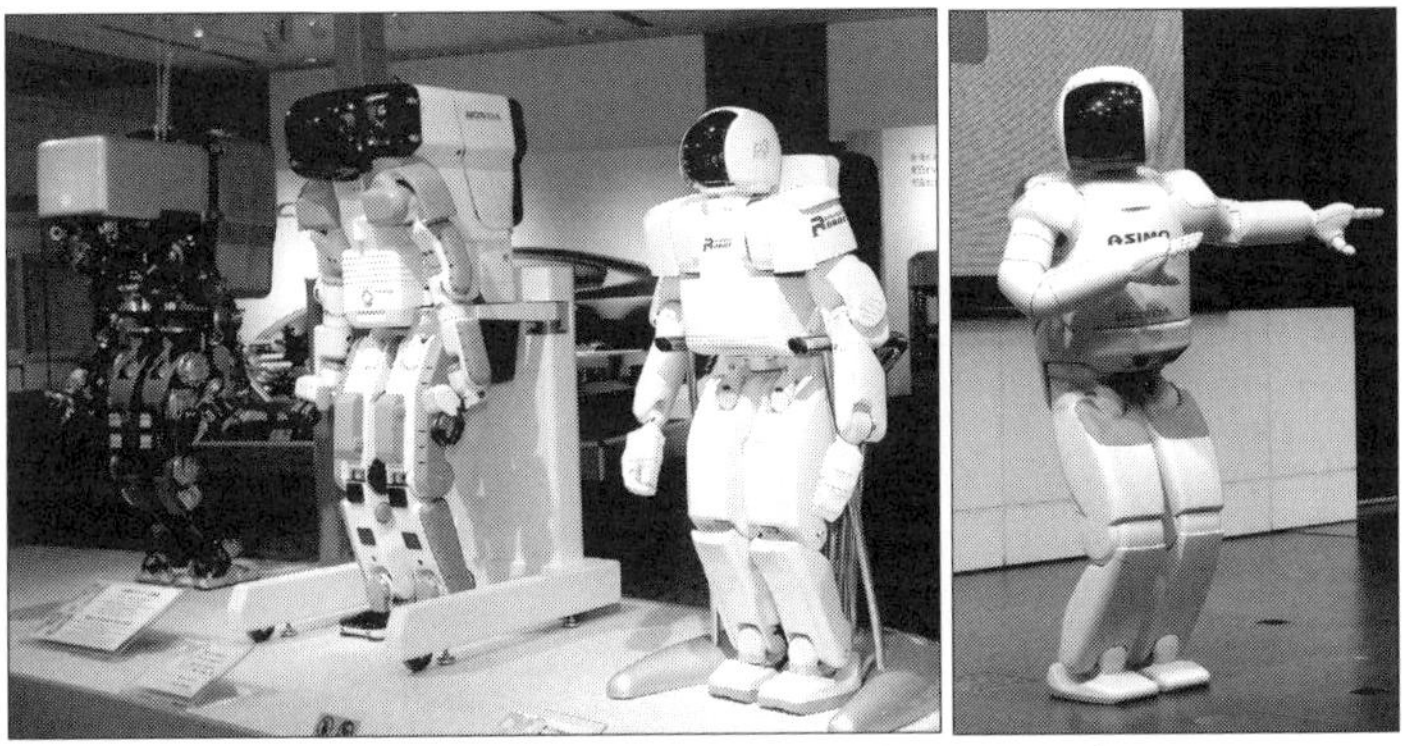

図1-7：本田技研工業のP1、P2、P3（左：©Morio）と ASIMO（右：©Momotarou2012）

ることになり、ロボットの世界にも新風が巻き起こってきた。特に1990年代後半には本田技研工業が完全な二足歩行を行う人型ロボット「P2」を発表し、また、ソニーが犬型ロボット「AIBO（アイボ）」を発売して話題となった。2000年には本田技研工業がP2を発展させたASIMOを発表した（図1-7）。鉄腕アトムの公式設定においてアトムは2003年に開発されたとされており、ASIMOのまるで人間とも見間違えるそのナチュラルな動きはアトムの実現をオーバーラップさせ、21世紀の到来を感じさせるものであった。

そして21世紀に入ると、まさにロボット技術は我々の生活の様々なところに進出していくのである。2000年代後半になるとスマートフォンなどの爆発的な普及により、より安価なＯＳや通信技術、センサ技術が普及し、ロボットの遠隔操作も容易にできるようになった。特にこれらの恩恵にあずかったドローン（空中無人ロボット）が爆発的に普及することになった。また、２０１０年代以降、ディープラーニングなどの新世代の人工知能技術がブームとなり、その技術がロボットに積極的に取り入れられていった。

ロボットと人工知能

一般の多くの人が勘違いしているのが、「ロボット工学＝人工知能」という認識である。しかし、そうではないということについて解説しなくてはならない。

学問分野としてロボット工学と人工知能とは、基本的には異なる分野である。もちろん、ロボットを自律的に運動させるには人工知能の知識が必要となることから、一部の内容は重複する（図1‐8）。例えば、自律的に移動するロボットが自分のカメラなどのデータから周囲の状況を認識するには、人工知能による画像認識を用いることで、飛躍的に性能が向上する場合がある。画像認識は人工知能の得意な分野の1つといえよう。

コンピュータプログラム上の人工知能で様々な事が出来るようになると、それを実際のロボットに応用しようとするのは当然かもしれない。例えば、人間と音声で対話できるシステムがあったとする（アマゾンエコーやグーグルホームに代表されるスマートスピーカーをイメージしてもらえば良い）。この技術にも人工知能が搭載されており、利用者がスピーカに話しかけて様々な情報を対話的に取得することが出来るが、スピーカと対話というのは少し

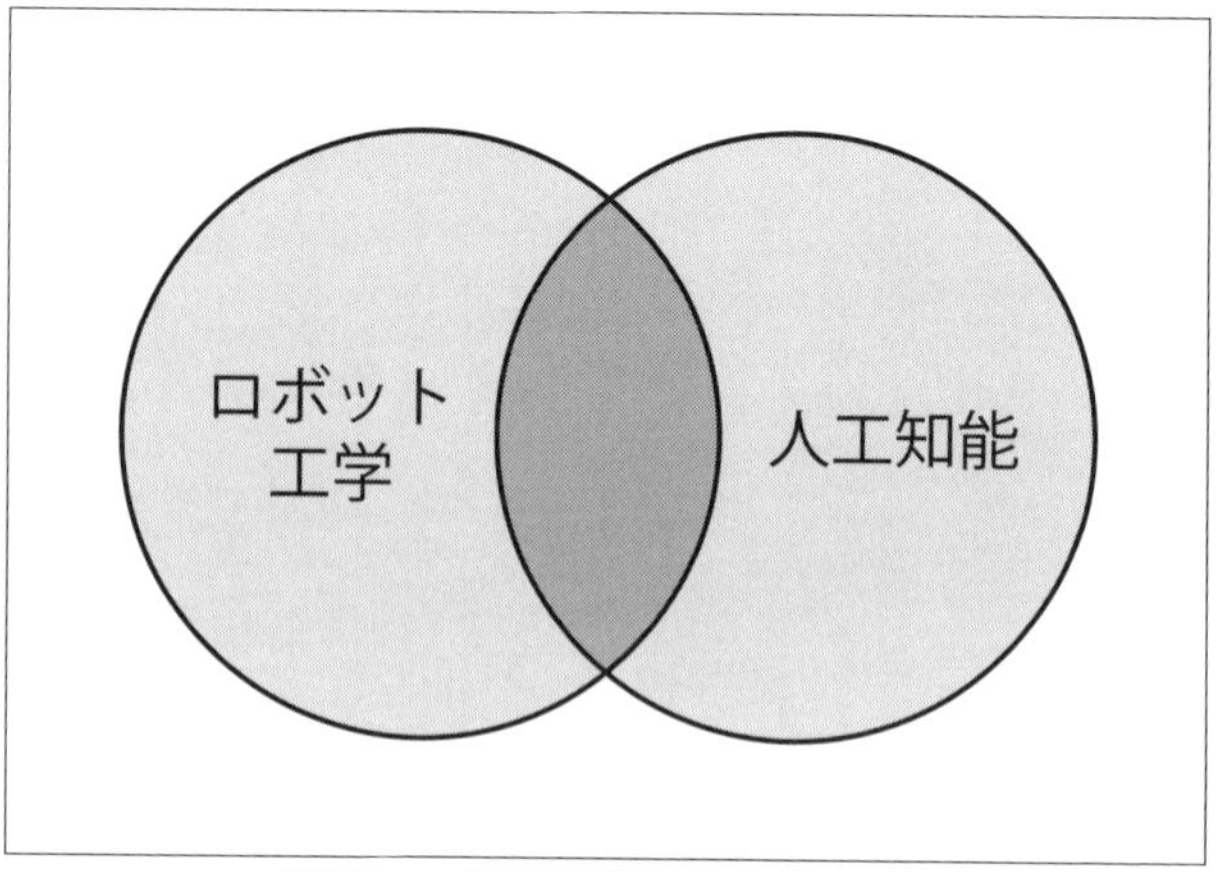

図1-8：ロボット工学と人工知能の関係

味気ない。そこで、スマートスピーカーの技術をロボットに搭載することで、人間はロボットとコミュニケーションを取り、よりインタラクティブに情報を得ることが出来る。

これはロボットと人工知能が技術的に融合している例である。確かにロボット工学も「何がどこまでがロボット工学か？」というのは曖昧であり、仮に定義できたとしても、その定義は時代によって移り変わる。それは「人工知能」も同様である。ただし少なくとも今日においては「ロボット工学＝人工知能」ではない。少しひいき目に見ても「ロボット工学≒人工知能」でもない。あえて言うならば、ロボット工学ではロボットのハードウェアとソフトウェアの両方に重点がおかれ、その協調性が重要となっている。一方で、人工知能はソフトウェアにかなりの重点がおかれている。

ここまで理解していただけたら、次の項からロボットに用いられる人工知能について簡単に解説していこう。

人工知能の歴史

知能を持つ人工物は昔から、少なからず神話などの物語の中に登場した。ゴーレムなどはその一例であろう。

しかし、ロボットのボディのように機構や電気モータなどである程度の形を作れるものとは異なり、人工知能が実現レベルに達するにはコンピュータの登場を待つしかなかった。そして20世紀に入ると、待ち望まれていた高度な処理を可能とするコンピュータが発明された。最初はアナログ式で単純な電卓としての機能しか持たなかったコンピュータであるが、コンピュータ技術が徐々に進化していきデジタル式のコンピュータが開発され、複雑なプログラミングが出来るようになっていった。コンピュータが複雑な処理をできるようになると、やはり、SFのように人間の知能の代わりにコンピュータを用いようと誰しも思うだろう。

人工知能は「AI」とも呼ばれる。AIは「Artificial Intelligence」の略である。「Artificial」

は「人工の」、「Intelligence」は「知能」を意味するから、「Artificial Intelligence」はそのまま「人工知能」という意味である。人工知能という言葉自体は、1956年に行なわれたダートマス会議とよばれる研究会において初めて用いられたと言われている。このダートマス会議では当時の情報理論（簡単に言えば、データを数学として取り扱うための理論）の有名な研究者達が数多く参加し、約1ヶ月にもわたって人工知能について論議が交わされた。

当時のコンピュータは、今のモノと比べるとかなり性能が劣ったものであった。しかしその後、少しずつコンピュータが進化し人工知能の基礎となる技術が研究され、1960年代には、推論・探索といったコンピュータを使って特定の問題を解く研究が盛んに行なわれた。この時期を第一次人工知能ブームと呼んでいる。1980年頃までにはチェスなどといったゲームに関する人工知能も研究が進み、この時期を第二次人工知能ブームと呼ぶ。

そしてこの頃から、人工知能をロボットに搭載しロボットの行動原理に用いるといった、人工知能を他の様々な工学技術へ応用する研究が進んだ。日本のバブル期となる1980年代末頃になると、「ニューラルネットワーク」や「ファジー理論」（注：ファジー理論とは簡単にいえば人間の感覚的な曖昧なものを表現する理論のこと。ニューラルネットワークについては後述する）などが世間を賑わせ、日本ではこれらの人工知能を搭載した家電などが多く発売される事となった。

1990年代に入ると、さらに生物の進化を人工知能に応用した「遺伝的アルゴリズム」や、生物の行動原理に起因する「強化学習」などが盛んに研究され、それらを応用したロボット技術も研究された。さらに2000年代に入るとコンピュータの低価格化による普及やインターネットの爆発的普及によって、一般家庭のコンピュータでも画像処理や音声認識や言語認識などが容易に行なわれ、普及していった。また、取り扱えるデータ量も格段に大きくなる。このような大量のデータを「ビッグデータ」と呼び、以前は処理が困難であった大量のデータを人工知能が処理できるようになったのである。

2010年頃になると「ディープラーニング（深層学習）」と呼ばれる新しいタイプのニューラルネットワークが注目されるようになり、従来では困難であった画像認識による物体の認識や様々な予測などが可能となり、昨今の人工知能ブームの火付け役となった。この新しい人工知能はビッグデータを使った複雑な売上予測なども出来るようになり、ロボットを含めた様々な所で用いられるようになったのである。この2010年頃からの現在に連なる人工知能ブームを第3次人工知能ブームと言う。

人工知能の技法

一口に人工知能と言っても、目的とする処理や作業によって「機械学習」や「データマイニング」などの種類に細分化される。機械学習とは簡単に言えば、人間が成長・学習していくのと同様の事をコンピュータに実装させる技術を指す。一方でデータマイニングとは、ビッグデータのような複雑で巨大なデータの中から、ある特定の知識を見つけ出す技術である。ロボットがカメラを通して物体を認識したり、あるいは学習により複雑な行動をとる技術の多くは機械学習に相当する。機械学習には様々な技法があり、本章のわずかなスペースでは全て紹介することは不可能である。ここでは機械学習のうち比較的メジャーで、かつイメージとして理解しやすいものに焦点を絞り、代表的な技法を紹介しておこう。ここで紹介するのは「ニューラルネットワーク」、「強化学習」、「遺伝的アルゴリズム」の3つである。ただし、人工知能の厳密な定義はむずかしく、これらの技法を使っていても人工知能と見なされない場合があることをお断りしておく。

はじめに、ニューラルネットワークについて解説しよう。ニューラルネットワークは読者

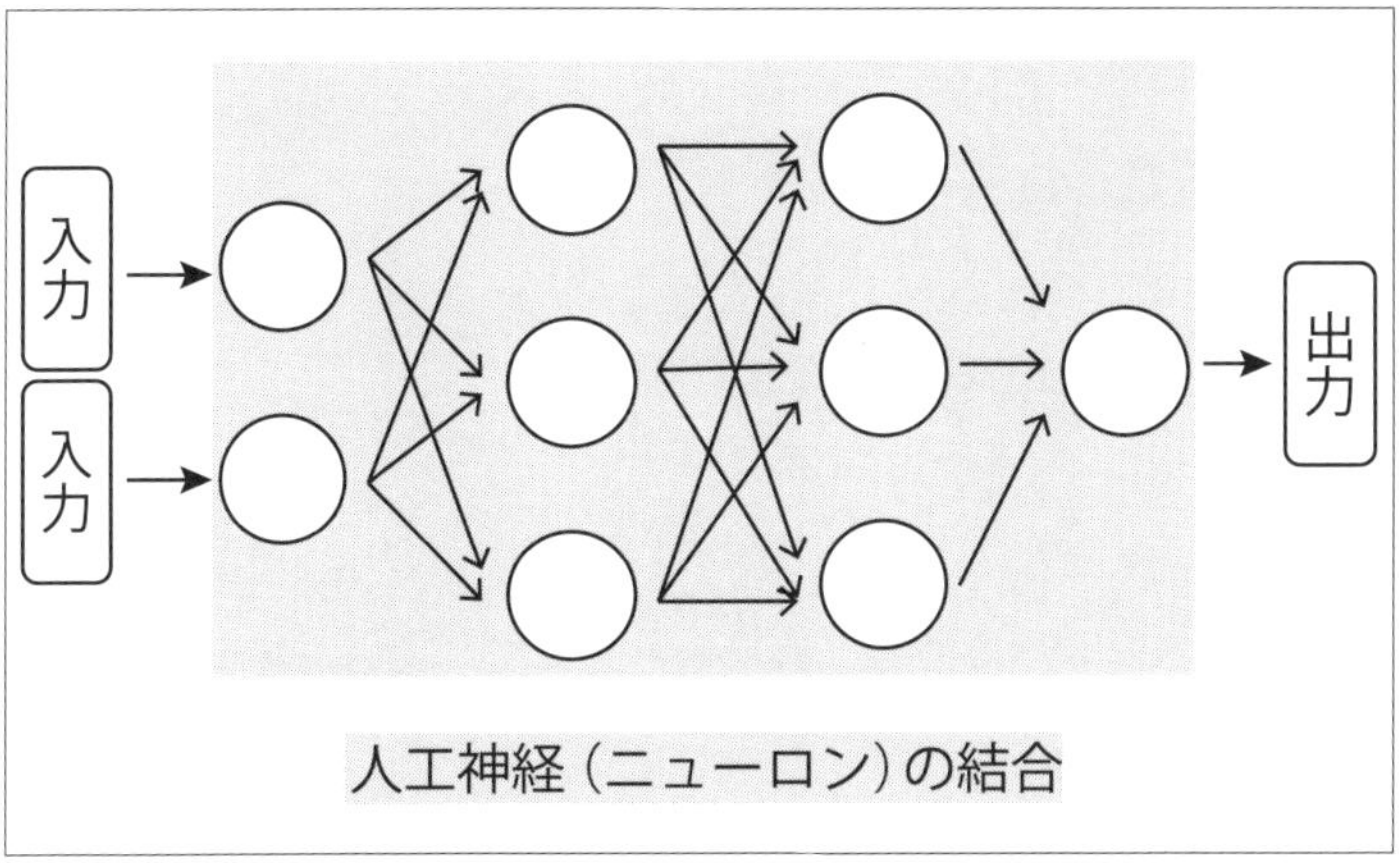

図1-9：ニューラルネットワークのイメージ図

の皆さんも一度は聞いたことがあると思う。人工知能としてはかなりメジャーな方法であるため、「人工知能＝ニューラルネットワーク」と勘違いしている人も多い。

ニューラルネットワークは一言で言えば、人間の脳神経の機能を参考にし、その機能を数式で表現し、その数式に基づいたプログラミングをしてコンピュータで脳神経の処理を実現しようとするものである。図１‐９のように、このニューラルネットワークでは人工の神経（ニューロン）が複数結合し、ネットワークを構築する。ある入力がこのニューラルネットワークに与えられた時、学習などにより神経（ニューロン）同士の結びつきの強弱を変化させることで最適な出力を得ることが出来る。

ニューラルネットワークにおけるニューロンは一般に図のように複数の層に分かれて存在する。以前は処理の関係から3層程度のものが多く、学習の精度もあまり高くなかった。しかし、昨今よく耳にするディープラーニング（深層学習）では層やニューロンの数を増やし、技術的な工夫を行うことで、これまでには扱えなかったデータ量を扱えるようになり学習の精度も飛躍的に向上したのである。

次に強化学習について解説しよう。強化学習は簡単に言えば、生物が行動を学習する際に、何か報酬を与えられる事で最適な行動を獲得していく方法と類似する。例えば犬やサル、イルカなどの動物にある芸を教えたいとする。このとき、調教師はこれらの動物が芸をこなしたら餌などの報酬を与え、動物は特定の動作をすると報酬（餌）をもらえるので餌をもらいたいために芸を学習していく。このような学習を「オペラント条件付け」という。

この手法を人工知能として応用したものが強化学習である。例えば、図1-10のようにあるロボットが10×10のマスの中に存在するとする。このロボットの目的はスタート地点からゴール地点まで移動することである。ただし、マス目の中には迷路のように壁が作られ行き止まりや落とし穴が存在する。ロボットはその迷路の中からスタートからゴールまでの経路

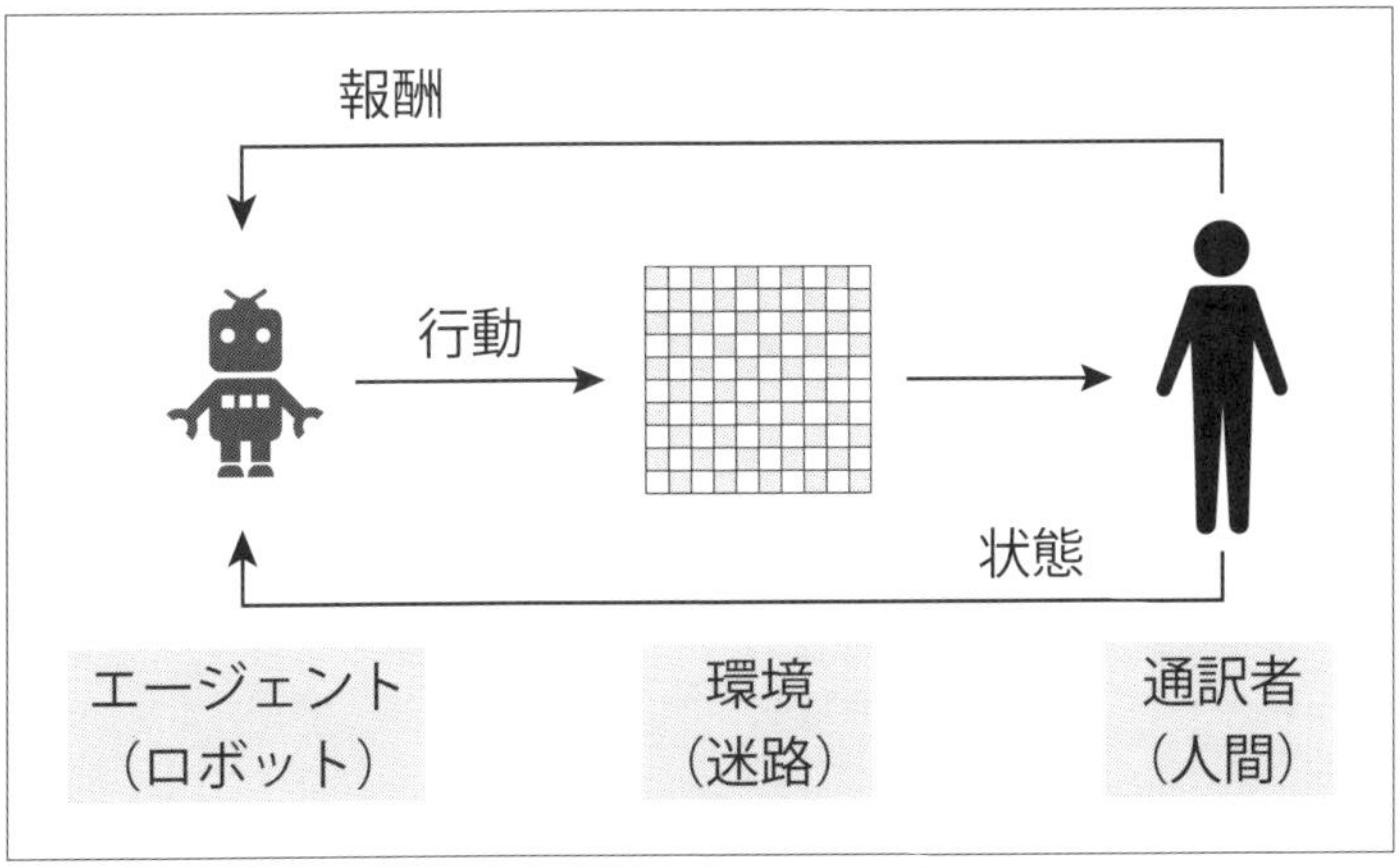

図1-10：強化学習のイメージ図。観測できる環境があり、エージェントは環境に対して行動をとる。すると環境の状態が変遷し、その変遷に応じてエージェントに報酬が与えられるという理論。

を探索したい。このような条件のもと、そのロボットが自分の現在の状況（今回の例では10×10マスの中の位置など）を把握し、取るべき行動（上下左右のどの方向に動くかなど）を決定する。

この例では学習をさせる対象ロボットは、ある状態における行動を確率的に選択することで、報酬を得る。行動例としては、ロボットがゴールに近いマスを経路に選べば選ぶほど報酬を与えるといったものだ。報酬といってもロボットに実際に餌を与えることはできないので、強化学習ではプログラム内の点数として報酬を与える。そして、ロボットは自らの行動を通じて、報酬が最も多く得られる方策を学習していくのである。

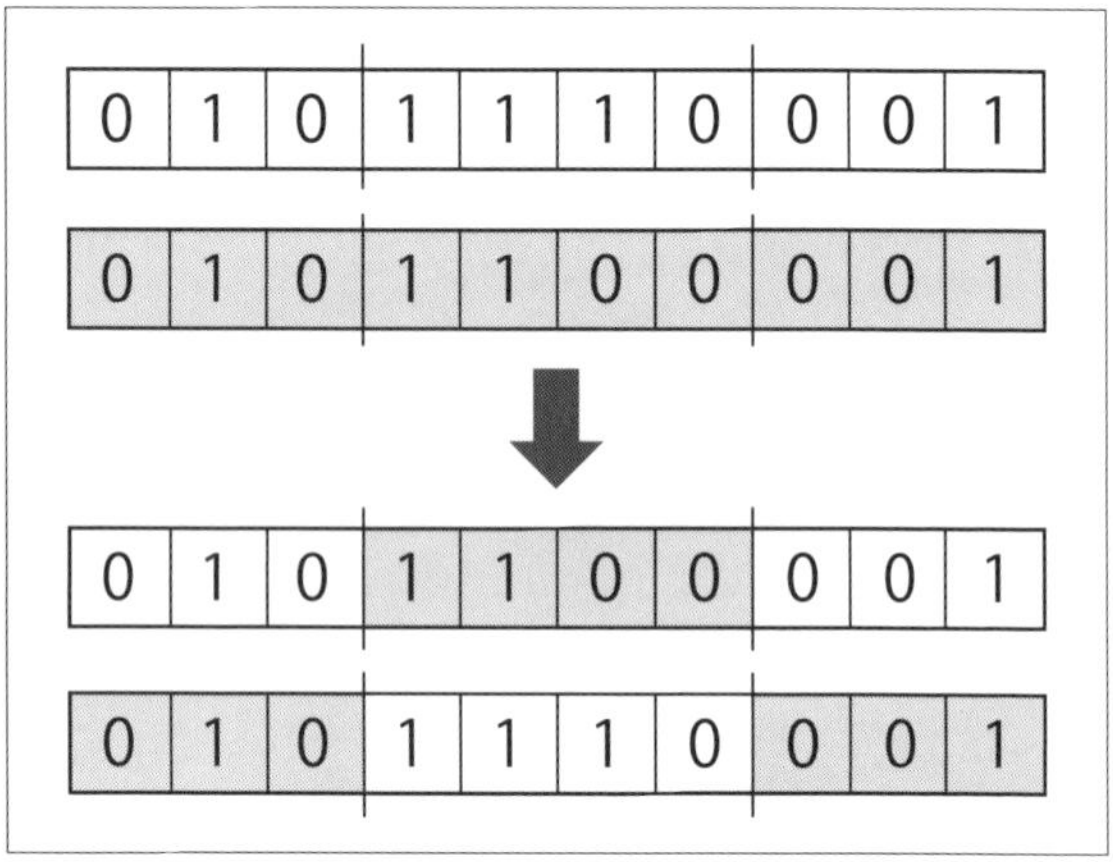

図1-11：遺伝的アルゴリズムにおける交叉のイメージ図

最後に遺伝的アルゴリズムについて説明しよう。遺伝的アルゴリズムとは生物進化における遺伝子の変化を模した人工知能の学習アルゴリズムである。実際の地球上では、多種多様な生物が長い歴史の中で種の交配や突然変異を繰り返し、環境に適さない種は絶滅する一方で環境に適した種は生き残り、様々な環境の変化に適応した生物に進化した。これをプログラムで再現する手法である。

この手法では、学習データを「遺伝子」として表現した「個体」を複数用意し、各個体の性能を「適応度」という関数を用いて評価する。各個体のうち適応度の高い個体を優先的に選択して、さらにそのデータを交叉《こうさ》（組み換え）・突然変異などの操作を繰り返して、適応度の高い個体データを作り上げていく。このように生物進化に似た方法を用いることで、最適なデータを学習させていくのである。

ここまでに紹介した代表的な3種類の人工知能の技法は、生物の進化や行動、脳神経を模倣したものであり、コンピュータ計算によって人工的に生命活動を模倣しているともいえる。ただし、これら3つ以外にも人工知能には技法があり、人工知能の世界は奥深い。

多くの人工知能の技法にも言えることだが、人工知能では様々な事象を「数学」を使って数式化し、その状態を数値化する。そしてその数値をプログラムによって処理している。したがって、人工知能の基礎となるのは数学なのである。我々がある問題点を人工知能で処理したい場合には、その問題を数式化もしくは数値化することが重要であり、それが出来ないものに人工知能を用いるのは困難な場合が多い。今回の説明では、このような数学的な詳細の表現は省略しているため、興味のある読者はぜひとも、参考文献にあげた良書を熟読することをおすすめする。

人工知能の問題点

第3次のブームを迎えている人工知能であるが、「人工知能が万能か?」と言われれば、やはりそうではない。詳しくは参考文献などの良書を読んでいただくとして、ここでは簡単に人工知能の問題点として有名な「フレーム問題」を紹介しよう。フレーム問題とは、「有限の処理能力しか持たない現実の人工知能には、起こりうる可能性のある全ての問題に対処することができない」ことを示している。具体的な例を用いて説明しよう。

今、人工知能を搭載したロボットに「近所のスーパーでリンゴを買ってくる」という指令を与えることを考える。しかし、実際の世界でその行動を実現するには、そこまでの過程に無数の出来事が起こる可能性がある。しかも、その想定される出来事の中には例えば「途中で雨が降ってくる」ことや「停電でスーパーの自動ドアが開かない」といった、与えられた問題とは直接関係ないものがある。極論すれば「リンゴに爆弾が仕掛けられている」といった極めてレアケースの可能性はゼロではなく、命令を完璧に遂行するにはそのようなレアケースにも対処をしなくてはならない。

そこで、全ての事柄に対応可能な優秀な人工知能を搭載したロボット1号機に命令を与えたとしよう。しかし、ロボット1号機は、無限にもある「あらゆる可能性」を考慮し、その解決策を考えたため、その計算時間が無限にかかってしまい、ついには「スーパーでリンゴを買ってくる」という当初の目的を達成できなかった。

次に、このロボット1号機の人工知能を改良し、「スーパーでリンゴを買ってくる」という行為と直接関係ないような出来事をふるいにかけ、無関係な出来事には考慮しないようにプログラムを改造した人工知能をロボット2号機に搭載したとする。しかし、ロボット2号機も関係ある事項と無関係な事項の全てをふるい分けしようとして、その計算時間が無限にかかってしまい、結局、当初の目的である動作を達成できなかった。

これが人工知能におけるフレーム問題のざっくりとしたイメージである。このフレーム問題は、人工知能が万能でないことを示す例としてよく用いられる。では、人間はどうかというと、人間がなぜこの問題に陥らないのかはわかっていない。そもそも人間は万能な知能は持っていないし、人間の適当さ加減がちょうどいいのかもしれない。

進化する人工知能

フレーム問題で示したように、「人工知能が何でも出来る」というわけではない。しかし、一般社会では「人工知能＝何でも出来る」という誤った感覚が蔓延しており、個人的には非常に危険だと思っている。

人工知能を工学的に見れば、ある種の最適化問題をコンピュータプログラムによって解いているだけのものである。もちろん、年々アルゴリズムや処理速度は向上し、出来ることは徐々に増えてきている。とはいえ、現在の多くの人工知能では処理をしようとする対象の事象を限定し、その事象を数式化・数値化し、その事象にカスタマイズしたプログラミングを行なう必要がある。

つまり、ある目的に開発された人工知能は、多くの場合は他の目的では用いることが出来ない。わかりやすい例で言えば、チェス用の人工知能は将棋やオセロには使えない。参考にすることは出来るが、プログラムをかなり改良するか、最悪の場合には一から作り治す必要がある。したがってこれまでは、それぞれの目的に対して人工知能のプログラムを専用に設計する必要があった。

しかし、そんな一点物の人工知能に新しい動きもある。それが、状況に応じて自分自身でプログラムの構成を変える「汎用人工知能」である。

一般に通常の人工知能のプログラムはいくつかのモジュール（特定の塊）から構成される。これまでは、対象とする問題に合わせて人間（プログラマー）が適切にモジュールを組み合わせることで、それ専用の人工知能を構築していた。

そこで、汎用人工知能ではこのモジュールの組み合わせを、それぞれの問題に対し人工知能が自分自身でカスタマイズして設計し直すことで、様々な問題に対応しようとするものである。人工知能のプログラムを人工知能自身が作ってしまうという発想だ。この汎用人工知能の概念は以前から存在していたが、近年では生物の脳のメカニズムなどを参考にしてかなり進歩してきている。

汎用人工知能が実用化レベルになれば、それぞれの問題に応じて人間がモジュール設計する必要がなく、ある意味で人工知能が勝手に進化していくようになる。それによって、今までの人工知能では困難であった問題をより効率的に解決できるようになるだろう。この技術は「シンギュラリティ」といわれる2045年までには実用化しているかもしれない。

第2章

ロボット技術はどこまで進んだか

産業用ロボットの今

目覚ましい発展を遂げるロボット技術は、現在、いったいどのようなことまで出来るようになっているのだろうか。本章では、近年のロボット研究やその最前線の状況を紹介する。ただし、ロボットの研究開発は日進月歩であり、本章で紹介するのは全体の一部にすぎず、それ以外にも様々なロボットが存在することをお断りしておく。

派手で夢のあるようなロボットの紹介は後々するとして、まずロボットの中で特に大きな産業となっている「産業用ロボット」について第一に解説していこう。内容的に少し地味に感じるかもしれないが、少し前までは「実際のロボット＝産業用ロボット」であった。最も早い段階で実用化されたロボットであり、現在も工場の自動化に大きく貢献している。

産業用ロボットは、工場などで人間の代わりに作業をするようなロボットをいう。特に、第二次世界大戦後の欧米や日本の経済成長に伴って広く普及してきた。一般には図2‐1のような人間の腕を模したロボットアームが多い。プログラムされた動きを繰り返して行うことを想定されることが多く、正確に作業を行い、疲れを知らず、しかも人間が入れないような危険な場所でも作業できるため、今や産業界ではなくてはならないものである。

産業用ロボットは一見すると、今も昔も同じ様な形状をしているので、あまり進化のないカテゴリーと思われるかもしれないがそうでもない。地味ではあるが、やはり最先端の技術が導入され、産業用ロボットも技術的に進化している。

図2-1：産業用ロボット
（©KUKA Systems GmbH）

産業用ロボットのロボットアームの関節部は、アクチュエータとセンサなどから構成される。アクチュエータとは簡単に言えばモータのようなものであり、関節を駆動させる。また、センサはロボットの関節の角度などを計測する。産業用ロボットでは、センサから計測された情報からコンピュータのプログラミングによってアクチュエータをコントロールすることで、アームを駆動させている。したがって、アクチュエータの性能（例えば発生させられる回転力や速度、精度など）とセンサの性能（精度など）、コンピュータの性能（メモリや演算速度など）、コントロールするプログラミング（制御手法）の4つがロボットアームに大きな影響を与える。

コンピュータの性能がどんどん高性能になっているのは多くの読者の知るところであるが、その他の3つのポイント、アクチュエータ、センサ、プログラミングも技術革新が進んで、一昔前から考えると比較にならないほど高性能なものが安価に登場している。過去には不可能であった高精度な位置決めやスピード、パワーが実現されており、これまでの産業用ロボットでは不可能であった作業が実現できるようになっているのだ。

先ほど「産業用ロボットは一見すると、今も昔も同じ様な形状をしている」と書いてしまったが、実は一言で産業用ロボットと言っても、その形状は様々なものがある。

まず、多くの読者がイメージするのが、図2-2のような人間の腕に似た構造のものだと思うが、このような構造の産業用ロボットは「シリアルリンクロボット（垂直多関節ロボット）」と呼ばれている。リンク（関節と関節の間の部分）が直列（シリアル）に連鎖している形状が特徴だ。だからシリアルリンクロボットと呼ばれる。人間の腕と似ていて我々も何となく馴染みが深いので、「ロボットアーム＝シリアルリンクロボット」と言うイメージが成り立っている。

シリアルリンクロボットには「地面に設置された面積に対し、可動範囲が広い」というメリットが存在する。しかし、このような構造は先端のロボットハンドを手先部に近いアクチュエータが支え、そのロボットハンドとアクチュエータとリンク部を次のアクチュエータが支えるため、手先部から段々とアクチュエータが大型化し、全体として重量が大きくなってしまう。したがって、ロボット自身の重量を支えるのにアクチュエータの多くのパワーを使われてしまい、高速動作などには不向きであった。当然、エネルギー消費も大きく、省エネルギーの観点からも問題があった。また、重量が大きいということは工場で人間と衝突したときに、人間に危害を加える可能性が増加する。実際、多くの工場では産業用ロボットと人間が衝突しないように、柵などを用いて作業空間を分けてある。

図2-2：シリアルリンクロボット
（画像引用／株式会社デンソーウェーブ）

このシリアルリンクロボットの欠点を克服した形状の1つが「パラレルリンクロボット」で

図2-3：パラレルリンクロボット（©Humanrobo）

ある。近年、産業用ロボットの市場を賑わせているものだ。このロボットは、図２‐３のようにアクチュエータをベース部に配置し、リンクを並列に配置してある。マジックハンドのような構造と言えばイメージしやすい。シリアルリンクロボットとは異なり、アクチュエータはリンクと共に移動しない。したがって、アクチュエータは単にリンクとハンド部分のみを運動させればよく、少ないパワーでロボット全体を動かすことが出来る。リンクもアクチュエータの重量を支えなくても良いため、非常に軽量にできる。

パラレルリンクロボットはその構造上、可動範囲は小さくなるが、シリアルリンクロボットに比べ全体の軽量化が可能だ。それに伴い、小さいアクチュエータで高速動作が容易となるので省エネルギー化を図ることが出来る。実はこのパラレルリンクロボットは1990年代から産業用ロボットとして存在していたが、特許の関係で限られた会社からしか供給されていなかった。しかし、その特許権の期限が2009年に終了し、晴れて自由に使える技術として多くの会社が採用し商品化したのである。競争原理によって良いものが安く市場に供給されるようになり、産業現場で積極的に採用されている。

なお、産業用ロボットにはほかにも、水平多関節ロボット（スカラー型ロボット）、直交ロボットなどが存在するが、紙面の都合で省略する。

移動ロボット

移動ロボットは地上用、空中用、水中（水上）用などに大別される。本書でも、これらの分類に従って説明していこう。

まずは最もポピュラーな陸上用の移動ロボットから解説しよう。陸上用の移動ロボットは移動方法に注目すると戦車タイプや多足（多脚）タイプなど、更に細分化される。ただし、ヒューマノイドロボット（人間型ロボット）に代表される二足歩行ロボットについては、次の第3章にて別途説明する。また、本書で紹介する移動ロボット以外にも、ヘビやミミズといった生物の移動方法を模したものや、ジャンプして移動するジャンピングロボットなど様々なものも存在するが、それらについては省略する。

クローラロボットとホイールロボット

地上移動ロボットに要求されることは「地面を移動すること」なのだが、この地面というのがクセモノである。一口に地面といっても、その状態は体育館の床のように平らでほとんど小石などもないような状態の良い場合もあるし、一般の道路のように舗装されて小石程度は存在するような場合もある。また、畑のように柔らかい土がでこぼこした状態の場合もあれば、砂浜や砂利道の場合もあるし、険しい山道のような場合もある。また、後述するような震災の場面などでは倒壊した家屋や瓦礫《がれき》が多く存在する場合もある。

図2-4：クローラ型ロボットの例
（画像引用／京都大学メカトロニクス研究室ホームページ）

このような地面のコンディションを大まかに分けると、「整地」と「不整地」に分けられる。整地とは平らに整えられた地面であり、不整地とは整地ではない地面を言う。整地の場合は理想的な平面に近いため小石や瓦礫などの障害物がなく、ロボットの移動は容易である。したがって、後述する二足歩行ロボットは多くの場合、整地での移動を想定したものだ。

一方で不整地の場合、現在の技術では二足歩

図2-5：回転型クローラ（画像引用／「不整地用マルチクローラロボット」宇宙航空研究開発機構／新技術説明会）

行での移動は難易度が極めて高い。そこで、このような地面を移動する際には、図2‐4のような戦車型の「クローラロボット」が多く用いられる。移動機構に戦車に備えられるようなキャタピラを搭載した移動ロボットだが、「キャタピラ」という名称はアメリカのキャタピラ社の登録商標であり、ロボットで用いる場合には「クローラ」と呼ばれるため、このようなロボットをクローラロボットと呼ぶ。

　クローラ機構は、戦車のように実際の軍隊の兵器として使われているくらいだから、とにかく不整地移動にはやたらと強い。技術的には既にほとんど完成されている。例えばレスキューなど、特定の目的に対し不整地を移動するロボットを開発する場合、クローラ機構を搭載すれば、移動に関して技術的な労力を大きく割く必要がない。よって、開発者も時間と費用を他に使えるために、安価で、しかも強固な移動ロボットができる。

実際には様々な作業を想定して、ロボットアームを取り付けたり、情報収集のために各種センサを搭載し遠隔で操作されるものが多い。このようなクローラロボットはレスキューや土木・建築などの分野で積極的に採用されている。

また、様々な外環境に適応できるように、クローラ側にも工夫がされているものがある。図2 - 5のようにクローラそのものが回転することで、容易に障害物の上を乗り越えていく構造もよく用いられている。

図2-6：ALSOKの警備ロボット「Reborg-X」

移動ロボットには、クローラを用いずとも自動車のように車輪（ホイール）を利用して移動する「ホイールロボット」も存在する。ホイール機構は整地での移動に限定すれば手軽な移動方法であるので、オフィスや工場、病院など建物内の移動によく用いられる。実際の工場内の部品搬送ロボットや、商用施設の案内ロボット、警備ロボットなどを見たことがある読者もいるのではないだろうか（図2 - 6）。また、

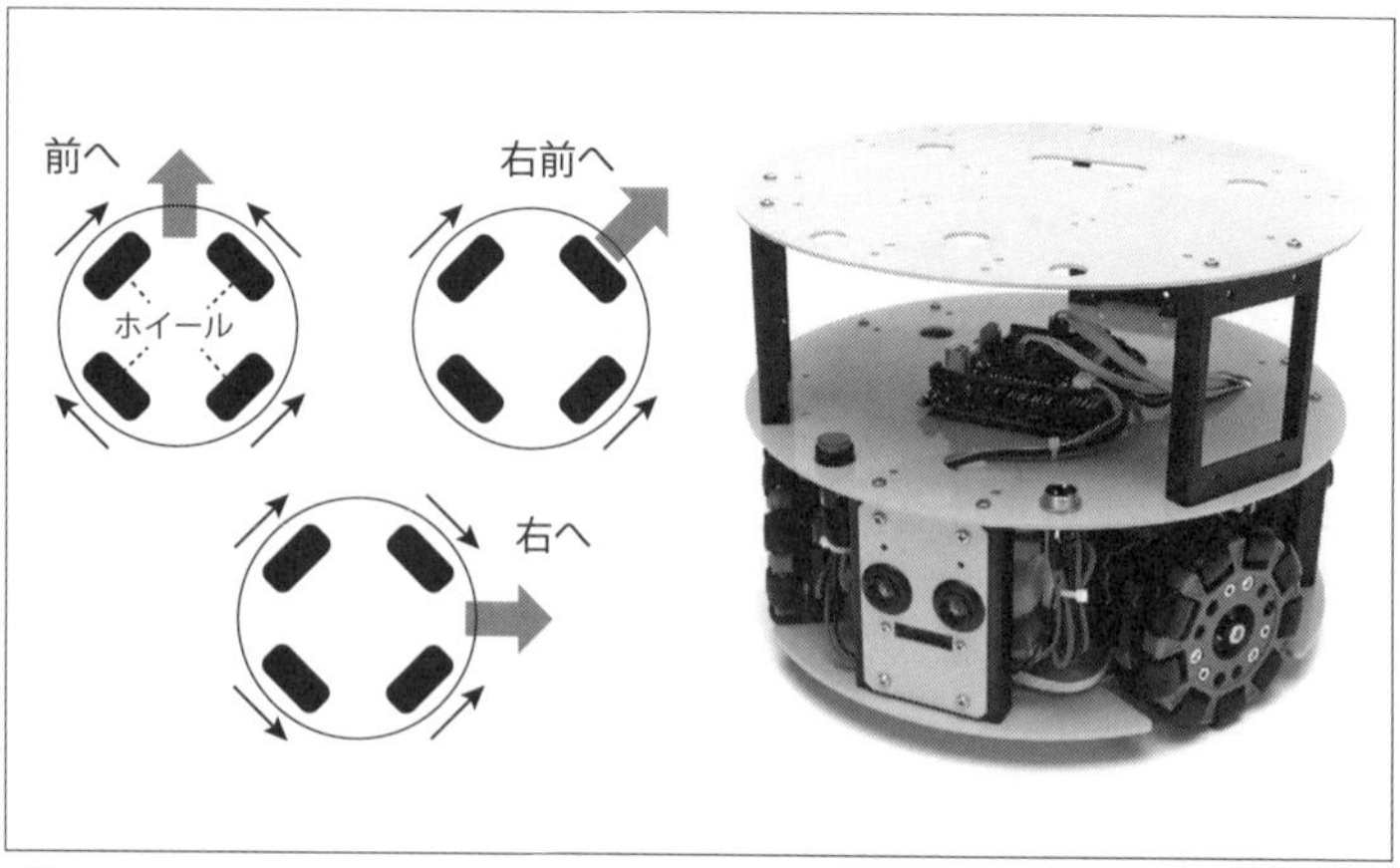

図2-7：オムニホイールロボット（右：画像引用／ヴィストン株式会社ホームページ）とオムニホイールの動きの仕組み

近年注目されている「自動運転する自動車」も広い意味ではホイールロボットに分類される。

ホイールロボットの移動機構は、既存の4輪自動車と同様に左右の2輪が一対になり、移動する2輪と、ハンドルによって方向を変える2輪で構成させる場合が多い。しかし、この構造にも欠点がある。それは、横方向に直接動けないことだ。自動車はハンドル方向に曲がることは出来るが、横方向に移動するには前後に移動した際にハンドルを切り返し、少しずつ横に移動しなければならない。この運転技術は人間でも慣れが必要であり、ロボットにとっても難しい。

しかし、図2-7のオムニホイールという特殊なタイヤでは、タイヤの回転方向と垂直な方向に移動可能な構造を有しており、このオムニホイールを用いた移動ロボットでは前後左右にロボットが動作可能となる。このオムニホイールもホイールロボットに多く用いられる機構である。

多足（多脚）ロボット

クローラロボットは不整地移動には有利であるが、それでも全ての不整地を走行できるわけではない。例えば、クローラの大きさに対してある程度小さい障害物であれば乗り越えることが出来るが、障害物が大きい場合はクローラでは走行できない。

このようなときには、多足（多脚）による移動が有用な場合もある。なお、多足ロボットは多脚ロボットとも呼ばれるが、以下では「多足ロボット」に統一する。

多足による移動では文字通り、複数の足を使って移動する。ここでは二足より足数が多いロボットについて解説する。なお、やはりヒューマノイドロボットのような二足歩行の場合も厳密には多足ロボットであるが、それに関しては第3章にて取り扱う。

多足ロボットは大まかに考えると、四足とそれ以外に分類することが出来る。四足ロボットは四足で歩行する脊椎動物の歩行運動を模して開発されたものが多い。一方で、四足より多い足を有するロボット、例えば六足ロボットやそれ以上の足を有するものは、昆虫やムカデなどの節足動物を模して開発されたものが多い。本書では、特に四足ロボットに限定して紹介する。

四足ロボットは二足歩行ロボットより脚数が多いために転倒しにくいという特徴がある。そのため、二足歩行ロボットよりも早い段階から実用化が進んでいた。１９９０年代後半にはすでに発売され、近年も新しいバージョンが発売されたペットロボット「ＡＩＢＯ」も四足歩行ロボットの商品化された例といえる。また、近年ではホビーロボットとして安価な四足ロボットも発売されている。

先駆的な四足ロボットで特に有名なのは、広瀬茂男・東京工業大学名誉教授が中心に開発したタイタンシリーズである（図２‐８、図２‐９）。タイタンシリーズには様々なものがあり、単なる四足移動だけでなく、足裏にローラが取り付けられ、整地を移動する際にはローラースケートのように移動するものもある。

四足ロボットの場合には、最低でも３つの足が地面に接地してロボット胴体のバランスを

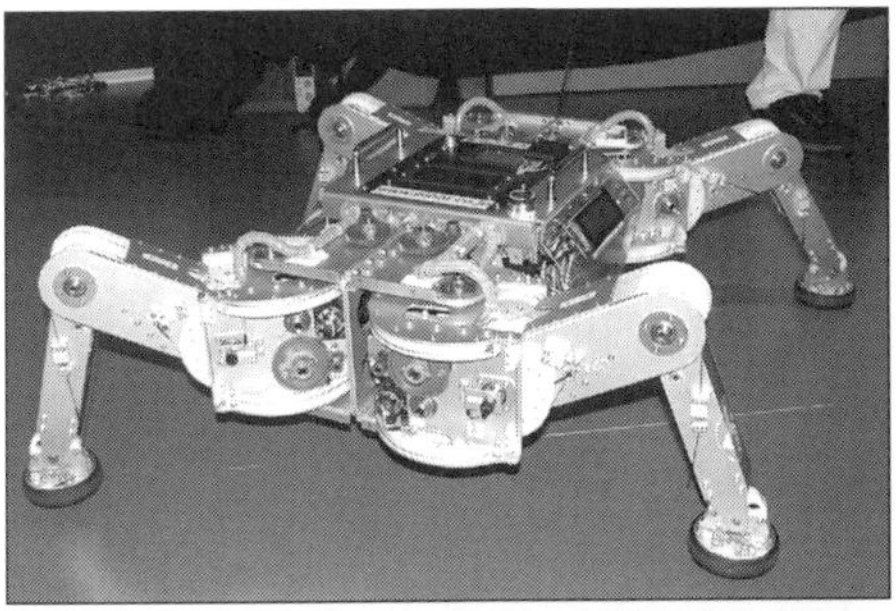

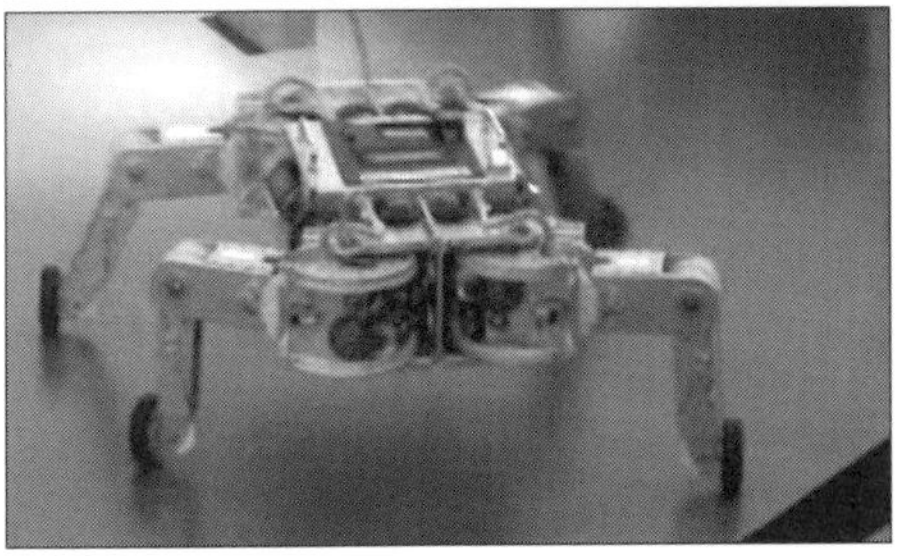

図2-8：ローラーウォーカー機能が搭載されたバージョンのTITAN-VIII。不整地では足で移動し（上）、平坦地では車輪で移動できる（下）。
（画像引用／Robot Watchホームページ）

図2-9：ワイヤをウインチで巻き取りながら急斜面を登降坂でき、斜面のコンクリート補強作業などを目的としたTITAN-XI
（画像引用／「建設の施工企画」2007年12月）

とることが出来る。この状態では移動は困難であるが、少なくとも静止した状態ならば使用していない足が1本余ることになる。そこで、3つの足でバランスを取りながら、余った1つの足を積極的にロボットアームとして利用する方法も存在する。例えばタイタンシリーズではこのロボットアームを利用して、紛争地帯などにおける地雷撤去に利用することも検討された。

そして、近年、世間を大いに騒がせた四足歩行ロボットと言えば、アメリカのボストン・ダイナミクス社がハーバード大学などと開発した「ビッグドッグ」であろう（図２‐10）。機械とは思えない自然な動きで、山の斜面や雪道などの不整地を歩行・走行可能であり、障害物を飛び越えることも可能である。また、人間に蹴られても問題なく四足支持を保持可能であり、万が一の転倒の際にも滑らかに四足歩行を復元できる。アメリカ軍の物資運搬用に開発されたこともあり、約１５０ｋｇの荷物を背負ったままで走行可能という驚きの性能を見せた。

さらに、このビッグドッグの後継機の1つである「SpotMini」は、２０１８年、日本の竹中工務店とソフトバンクが建設現場での利用を目的とした実証実験を行っている。公開された動画では、建築現場と思われる建物の階段を上り下りし、障害物が多く平坦でない作業現

図2-10：ボストン・ダイナミクス社の「ビッグドッグ」
（画像引用／ボストン・ダイナミクス社の動画より）

場を実際の犬のように滑らかに移動し、背中に搭載されたカメラで作業現場の様子を調査している様子がうかがえる。ちなみに、ボストン・ダイナミクス社は2019年現在、ソフトバンクグループが買収している。

転がりロボット

タイタンシリーズやビッグドッグに代表される多足ロボットでは、足の関節力によってロボット自体の自重を支える必要があるため、関節に大きな回転力（トルク）を発生させる必要がある。したがって、自重の大きなロボットは多足歩行には向いていないと言える。また、足は本体から出っ張ったものであり、障害物と予期せぬ衝突を起こした際に破損する可能性が高い。

　ならばいっそのこと、ホイール、クローラ、足といった移動機構そのものを廃止し、ロボット自体が転がることで移動をするというアイデアも存在する（図２‐11）。よく似たものが映画『スター・ウォーズ／フォースの覚醒』に登場するロボット「ＢＢ―８」だ。この構造にすることで表面上の移動機構が不要となり、衝突にも比較的に強い移動ロボットができあがる。しかし、このような転がりロボットは直進運動のみの場合はコントロールが容易だが、進行方向が連続的に変化する場合のコントロールは結構難しく、現在でも効率的なコントロールの研究が続けられている。

　また、転がりロボットはその構造上、水平面の整地での移動を得意とするが、坂道や不整地の移動走行は困難となる。そこで、多足ロボットの利点と転がりロボットの利点を併せ持つ機構が開発されている。

図2-11：スターウォーズの「BB-8」
（©Michael Barera）

図2‐12のように整地では変形し、ロボット本体の形状を球体（もしくは車輪状）にして、エネルギー効率がよい転がりにより移動する。しかし、不整地などの転がりで移動が困難な場合には、変形し、足を本体から露出し、歩行することで、環境に適応して効率よく移動が可能となる、このような機構は周囲の環境に合わせて移動方向を選択でき、地震などの災害時の調査ロボットとしても検討されている。

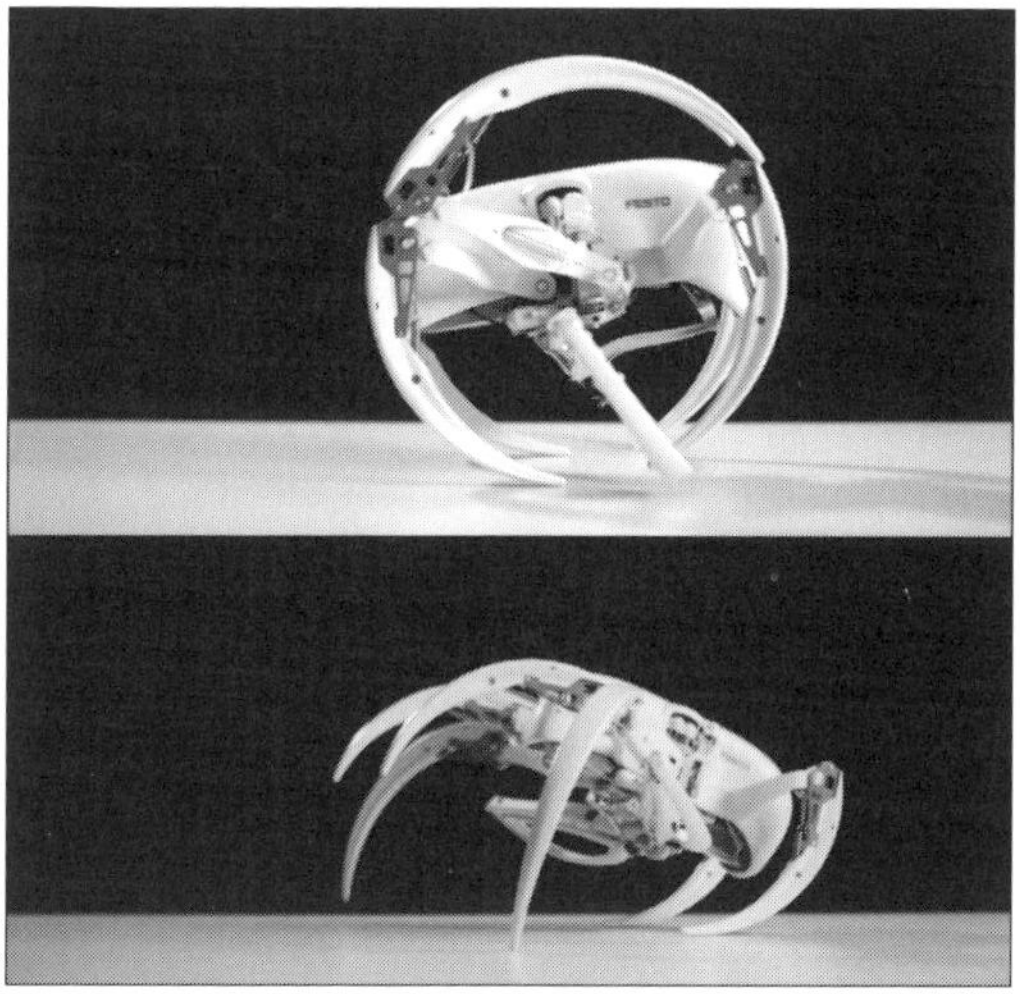

図2-12：転がりロボットと四足ロボットが合わさった「Bionic Wheel Bot」（画像引用／FESTO社）

空中ロボット

次に空中移動するロボットについて説明しよう。ロボットの空中移動と言っても、これまた多くの種類が存在する。近年、非常に安価になり普及しているドローンも空中ロボットの1種と考えられる。一般にドローンなどのように、無人ロボット化された航空機のことをＵＡＶ（Unmanned Aerial Vehicle）とも呼ぶ。

今日、ドローンはオモチャ屋などでも数千円で売っており、読者の皆さんもよく見ることがあるだろう。今や安価なものですら自動操縦なども可能であり、高度な運動性能を有するものも多い。写真・動画撮影といった分野では既に実用化されて久しいドローン技術ではあるが、本書ではドローンを拡張した新しい空中ロボットのいくつかを紹介しよう。

現在、ドローンは空中撮影だけでなく物資の運搬などへの応用が盛んに研究されており、いくつかは既に実用段階に入っている。例えばドローンにピザのデリバリーや宅配便の配達を行なわせるものだ。近年はインターネット販売が急増する一方で少子高齢化による労働人口の減少のため、商品を配送するドライバーの人手不足が大きな問題となっている。

都会に住んでいる方は普段意識することはないだろうが、田舎の場合は一番近いコンビニまで車で一山越えて行かなくてはならないような集落も存在する。また、離島では船便などで物資を運搬するが、その船便も週に数本などという場所もある。そこで、ドローンの自動操縦で物資を運搬することで、文字通り山や海を飛び越えて容易に物資の搬送が可能となる。天候には左右されるが、オンデマンドに（個別の注文に応じて）対応でき、安価に搬送が出来ると期待されている。

このドローンの運搬技術を拡張し、図２‐13のような、ドローンにロボットアームを取り付ける研究が行なわれている。ドローンが空中にホバリングしながら（または空中を運動中に）、目標とする物をアームでつかんだり、何らかの作業を可能にする技術である。これまで人間が行なってきた高所での危険作業や、災害時の救助などに利用できると考えられている。

図2-13：ロボットアームを搭載したドローン
（画像引用／PRODRONE社の動画より）

しかし、このアームを搭載したドローンではロボットアームを伸ばしている時と関節で折りたたんでいる時で重心が変化するだけでなく、掴んだ物の重量によって全体の重心位置が著しく変化し、ドローンの姿勢コントロールが難しい。また、伸ばしたロボットアームが壁などの外界と接触し、大きな力を受ける可能性も高い。しかし、研究レベルでは多くの成功例が報告されており、今後、ロボットアームを搭載した安価なドローンが普及して

図2-14：空中を浮遊する「ドラゴン」
（画像引用／東京大学Youtube「Dreaming of Dragons」より）

いく可能性は高い。

さて、次に紹介するのもドローンの発展系である。その名も「ドラゴン」。東京大学情報システム工学研究室で開発された空中ロボットである。図２-14のように４つのリンク部が関節により接続されていて、それぞれのリンクには２つの小型プロペラが装備されており、全体では８つのプロペラが装備されている。この合計８つのプロペラをコントロールすることで身体を浮遊させ、身体の形状をコントロールすることが出来るというものだ。少し文章で説明するのが難しいので Youtube などにアップロードされている動画も見ていただくことをお勧めするが、簡単に言えば、接続された４つのリンクがそれぞれの２つのプロペラでドローンのように浮遊して、全体ではまるで龍のように空中を浮遊することが可能だ。試作機の動画では身体全体を物体に巻き付けて、物体を運搬しており、通常のドローンでは不可能な複雑な動作を実現できるのである。

ドローン技術の普及により、空中ロボットは近年急速に進化しており、今後は空中移動できるヒューマノイドロボットの実用化などが期待される。

水中ロボット

次に水中ロボットの話をしよう。日本は海洋資源の豊富な国であるが、中国などの周囲国との海洋上の領土問題も存在する。このような状況なので、日本では海洋資源の調査や生態・環境調査などを目的に水中ロボットが実用化されている。これらは時に「水中ドローン」などと呼ばれることもあり、大別するとROVとAUVに分類することが出来る。

ROVは「Remotely Operated Vehicle」の略で遠隔操作型の水中ロボットである（図2-15）。ロボットに電源供給と通信用のケーブルを接続し、船上などで人間が水中ロボットから送られてくる映像を見て、操縦するタイプである。ケーブルで接続されているために行動範囲が限られているが、バッテリ切れの心配がない。

読者の中には、「ROVにわざわざケーブルを接続しなくても、空中ドローンのように電波で操縦すればケーブルは不要ではないか」と思う方がいるかもしれない。しかし、水中で

図2-15：水中ロボットROV

は空中と異なり、電波が非常に伝わりにくい。全く伝わらないわけではないので家庭のお風呂程度なら何とかなるが、一般の水中ロボットの利用における移動距離を想定すると、電波による通信はかなり難しい。

そこで、通信ケーブルを用いて水上の母艦と通信する。そして、多くの場合はそのケーブルに電源ケーブルも便乗するのである。後述するＡＵＶよりも簡易的で安価であるが、ケーブルが海流の影響を受けたり、絡んだり、漂流物を巻き込んだりして操作に影響をきたすといった欠点もある。

もう１つのＡＵＶとは、「Autonomous Underwater Vehicle」の略で自律型の水中ロボットであり、ＵＵＶ（Unmanned Underwater Vehicles）とも呼ばれる（図２‐16）。外部との

図2-16：水中ロボットAUV（©KEN)

通信ケーブルを持たず、一度潜水したら目的を達成するために搭載されている人工知能を用いて水中を長時間自動航行する。ロボット本体から電源ケーブル・通信ケーブルを他の船舶などに接続していないため、ロボット内部に比較的規模の大きいバッテリや発電機などを搭載する必要がある。AUVはロボット技術や人工知能を用いた高度な潜水艦とも解釈できるだろう。海底に長時間潜り続け、自動で海底地図を製作したりして海底資源の採掘などに役立てている。

このような技術は平和利用すれば非常に有効な科学技術であるが、やはり軍事技術とも切り離せない関係にある。軍事目的での利用としては、軍用潜水艦の無人化だ。軍用の無人潜水艦には自動で海域をパトロールし、ソナーなどのレーダーを用いて敵の艦船が特定水域へ侵入するのを常時警戒する哨戒《しょうかい》任務を目的としているものもある。通常の有人潜水艦では、搭乗者が水中で生命維持するのに必要な水や食事、またキッチンや寝床などの多くのスペースを必要とするが、ＡＵＶではこれらの装備や装置が不要となるため、目的を限定すれば大きなコスト削減を図ることが出来る。

そして、軍事目的の極めつけが核兵器を搭載した「核魚雷」である。ロシアが開発している原子力魚雷「ポセイドン」はＡＵＶの魚雷で、人工知能を用いて長距離を自動航行する。つまり攻撃目標の位置を入力すれば、あとは自動航行で障害物などを回避しながら海中を移動し、目標物に攻撃するというものだ。動力が原子力であるため数千ｋｍの航行距離を持つだけでなく、最も恐ろしいのがポセイドンは核弾頭を搭載可能な点である。一度発射されれば海底を静かに航行し、レーダーなどで見付けられる可能性は極めて低い。

従来の核兵器はミサイルなどのように空から攻撃してくるのが一般的であり、そのための防衛網なども考慮されてきた。従来の国家間の軍事条約などもミサイルが前提であり、このような大陸間原子力魚雷は想定されていなかった。しかし、このポセイドンはこれまでの防衛技術や条約などの枠組みから大きく外れており、今後の米露のミリタリーバランスを大きく変化させるとも言われている。

本書ではROVとAUVの2種類を紹介したが、ROVは比較的小型で小回りが利き、安価である。一方、AUVは比較的大型で小回りが利かないが長距離航行を得意とし、価格も一般にはROVよりは高価となる。もちろん、ROVとAUVの良い部分を融合させたハイブリッドタイプ（複合タイプ）も存在する。

これらの水中ロボットは養殖場やダム、海底ケーブルのメンテナンスや海底遺跡や海洋資源の調査など、今後大きな市場規模が期待されている。なお、これまでに紹介したものは「水中」で活躍するロボットであったが、水中に潜らず水上で活躍する「水上ロボット」も存在する。

宇宙探査ロボット

近年、アメリカ、ロシア、ヨーロッパ、日本、中国など、先進各国が積極的に取り組んでいる事業の1つに宇宙探査がある。宇宙探査には莫大な費用がかかるため、一般的に言えば経済的に余裕のある国がチャレンジしていることが多い。

それだけ莫大なコストがかかる宇宙探査に、なぜ各国はチャレンジするのか？　それにはいくつかの理由が存在する。第一に、純粋に未知の事柄に対する好奇心・探求心からである。「宇宙はなぜ出来たのか？」「地球外生命体は存在するのか？」といった好奇心は人を動かす大きな原動力の1つとなる。第二に、地球の安全に関係するからである。例えば、太陽の活動は地球上の電子機器に影響を与えるため、太陽の活動を観測することは重要だ。また、地球へ衝突する恐れのある小惑星の観測も非常に重要である。

しかし、多大なコストを費やすわりには、その理由が好奇心や探求心だけでは根拠に乏しい。衝突する小惑星の観測も重要ではあるが、確率的な要素が強すぎて費用対効果が未知数過ぎる。宇宙探査や観測がこれまで以上に盛んになっている第三の理由として、「資源開発」

が挙げられる。地球上では各国の領土が過去の歴史により基本的に定まっているが、宇宙は現時点では誰のものでもない。月や小惑星、火星といった地球に近い天体までなら比較的容易に移動できるし、これらの天体には豊富な鉱物資源が含まれていると考えられている。

現在ではまだ資源採掘にまで至っていないが、先進各国は天体までの航路や技術などのノウハウを今のうちから確保し、今後の宇宙開発を視野に入れているということだ。宇宙の資源は早い者勝ちである。「先んずれば人を制し、後《おく》るれば則ち人の制する所と為る」という故事成語があるが、まさにそのような様相である。２０１８年6月にアメリカが宇宙軍の創設を指示したのも、こういった事情があるかもしれない（もちろん、軍事衛星の破壊など単純に防衛目的もあるだろう）。

現在、ロボット技術は宇宙開発でも大きな役割を果たしている。そのロボット技術のいくつかを紹介しよう。

宇宙用ロボットアームの操縦

宇宙ステーションやスペースシャトルなどの宇宙船の外部で何か作業をする場合、作業員が宇宙服を着て、外部に出て自ら作業する方法がある。しかし、その方法では事故が起きた際に作業員の生命を危険にさらすだけでなく、作業者の生命維持にかかるコストも大きい。

そこで、産業用ロボットを大型化したようなロボットアームを用いて、宇宙船内の安全なところから人間がロボットを作業するという、安全を考慮した方法がある。このような遠隔地からのロボットの操作方法を「テレオペレーション」という。テレ（tele）は「遠くの」を意味し、遠隔からの「操作（オペレーション）」を行うのでこのように呼ぶ。ロボット操作者は目視やカメラ画像などからロボットアームの情報を得て、ジョイスティックなどのコントローラを用いてロボットアームを操作する（図2‐17）。

スペースシャトルに搭載されたロボットアームはかなり長い。地上では重力の影響を受けるため、各関節のアクチュエータはアームの自重を支える必要があり、あまり長いリンクのアームを作るのは困難であるが、宇宙は無重力かそれに近い環境である。そのため、重力の影響を受けずに長いロボットアームを容易に作成することができるのだ。長いロボットアームならば広範囲な作業が可能となる利点もあり、この技術は宇宙基地の建設作業などに活かされている。

宇宙ロボットの話題からは少し離れるが、テレオペレーションについても解説しておこう。

図2-17：スペースシャトルのロボットアーム。ディスカバリー号で作業中の様子

ロボットアームなどの遠隔操縦を高精度に行う場合は、人間の操作を正確にロボット側に伝え、反対にロボットが外環境から受けた力を操作しているオペレータ（操縦者）に正確に返すことが重要となる。このコントロールには人間の腕の位置の動きだけでなく、人間が発生した力をセンサで読み取り、それをロボットアームに伝達することが重要である。また、ロボットアームが外環境から受けた力を操縦者のコントローラに伝えることが望ましい。

例えば操作者がカメラ画像を見て、コントローラから提示される力を受け、それに応じてロボットをコントローラで操作する場合には、

①操縦者が受けた感覚→②脳神経への電気刺激→③脳神経の処理→④筋肉組織への電気刺激

↓⑤筋肉の動き↓⑥腕の動作↓⑦コントローラの動き

という信号処理が行なわれる。SFの世界で例えるならば、マジンガーZの操作方法などはこれに近い。しかし、この一連の人体の信号処理には時間が掛かってしまう。

この操作法は、遅い動作のロボットの場合にはそれほど問題にはならないが、高速で動作するロボットの操縦では、この人体の信号処理から生じるタイムラグが致命的な欠陥となる場合がある。そこで、より高速でロボットを操作する場合には、操縦者の筋肉で発生する電圧(④と⑤の間)をセンサで計測して、それをロボットの操作に利用する技術がある。例えば、後述するウェアラブルロボットなどでは実際によく用いられている。

しかし、それでも反応が遅い場合があり、さらにロボットの高速な操縦を行なうには、いっそのことオペレータが脳で考えた動き(③と④の間)をダイレクトにセンサで読み取り、その人が頭で考えた動作を実現させればよい。この方法ならばロボットを操作するのにコントローラを握らなくても、操縦者が自分の頭で念じた通りにロボットを操作できる。

このようなロボットの操縦方法はこれまで盛んに研究されてきており、アメリカのミネソタ大学では、図2‐18のような脳波を使ってロボットアームをコントロールする方法を研究している。また、日本でも国際電気通信基礎技術研究所(ATR)などで同様のコンセプ

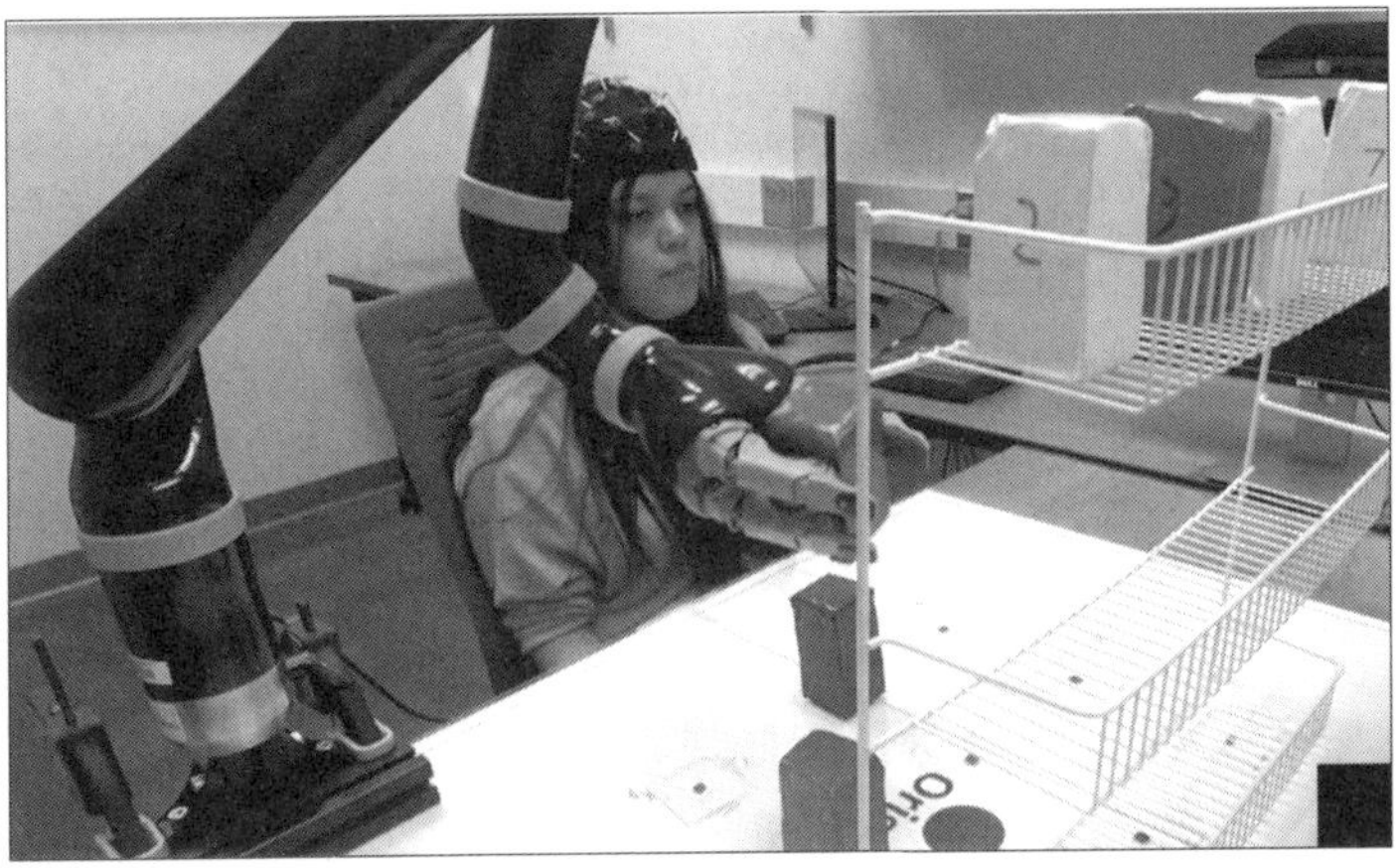

図2-18：アメリカ・ミネソタ大学の脳波コントロールによるロボットアームの操縦
（画像引用／University of Minnesota, 動画「Noninvasive EEG-based control of a robotic arm for reach and grasp tasks」より）

トの研究がなされている。この脳波によるロボットのコントロール法は、まさに機動戦士ガンダムに登場する技術「サイコ・コミュニケーター」、通称「サイコミュ」と同じような技術である。

惑星探査機

再び、宇宙ロボットに話題を戻そう。第二次世界大戦後の東西冷戦のさなか、当時のソ連とアメリカが宇宙開発競争を繰り広げ、アメリカは人類を月に送った。今日でも宇宙空間にある宇宙ステーションで実際に人類が生活しており、有人の宇宙探査は今も行なわれている。

人間を宇宙に送り出すには、人間の生命維持に関わる機器を搭載する必要があるためその分コストがかかるし、何より搭乗者にとっては命がけの旅となる。そこで、生命維持装置を必要としないロボットを人間の代わりに導入し宇宙で作業させることで、大きくコストダウンをはかることが出来る。特に近年は、コンピュータ通信、ロボット、人工知能などの技術発展の恩恵を受け、多くの作業がロボットで代用できるようになってきた。

惑星探査機とは惑星や衛星などを調査するものであるが、ここでは、月や火星などの地表を移動し、写真や様々なデータを持ち帰る移動ロボットについて解説しよう。

このような調査は長期にわたることが多く、現在では先述した理由からロボットを用いて無人で調査することが多い。天体地表の移動用ロボットで最もポピュラーなものが、探査車と呼ばれる車型の移動ロボットであり、ローバーとも呼ばれる。惑星探査では、探査車は目標の天体近くまで宇宙船などで運搬され、上空で切り離し、天体表面に着陸する。

惑星探査車が存在する天体は地球から遠くに位置する。したがって、通信にもタイムラグが生じてしまう。比較的距離が近い月ならば、地球から数秒で通信できるが、火星になると片道で10分弱はかかってしまう。また、天体の位置やロボットの位置によって通信できない場合がある。つまり、このようなロボットは、人間が逐一ロボットに動作指示を出すのは不向きと判断される。そこで、惑星探査車はロボット技術・人工知能技術を応用して、人間の操作なしに自律して動作する、もしくは一部を人間が操作して半自律で動作するのである。特定のプログラムに従って天体上を移動し、天体のデータを直接計測することで、衛星軌道上で周回している探査機よりも詳細なデータを計測することができる。

図2-19：火星用の探査車ローバー「キュリオシティ」

多くの探査車は複数のタイヤを用いた移動機構を有する。ただし、一般の自動車とは異なり、パンクの恐れがあることや気圧の関係で自動車用のタイヤは使われず、専用に開発されたホイールを駆動させる。本体背面には充電用の太陽電池パネルを有し、日中に充電を行なってその電力で移動や計測などを行うものが多い。本体には各種センサやロボットアームなどを搭載し、様々な作業を行う。当然、天体で作業する数ヶ月～数年間は修理が一切できないので、通常のロボットよりもかなりの堅固さを要求される。

例えば、２０１１年に打上げられたＮＡＳＡの火星探査用の宇宙船「マーズ・サイエンス・ラボラトリー」には図２‐19の火星地上用の探査機「キュリオシティ」が搭載された。キュリオシティは２０１２年より現在（２０１９年執筆時）まで8年以上の長期間にわたり、火星での調査を続けている。

レスキューロボット

地震災害用ロボット

日本は世界的に見ても災害の多い国だと言える。台風や爆弾低気圧などの豪雨による水害も多いが、やはり日本の災害で特に関心が高いのが「地震」であろう。ご存じのように日本は太平洋プレート、フィリピン海プレート、北米プレート、ユーラシアプレートがひしめき合う場所に存在し、プレートの活動により岩盤に多くの力が加えられ、多くの地震が発生する。世界で発生する大地震（マグニチュード6以上）の実に約20％が日本に集中しているとも言われている。特に我々の記憶に強く残っているのは、１９９５年に起こった阪神・淡路大震災と２０１１年に起こった東日本大震災であろう。近年も九州や北海道などで大地震が頻発しており、我々の生活を脅かし続けている。

地震による被害を出来るだけ小さくするための技術が様々な分野で研究されているが、ロボットの場合、地震発生後に被災者を救援するためのレスキューロボットが有名である。日本において特にレスキューロボットの発達の起爆剤となったのが、1995年の阪神・淡路大震災であった。当時の日本にはまだまだ、安全神話というものがあった。

「日本は他の国に比べて犯罪が少なく、テロも、何百人も死者が出るような大きな災害もない。戦争もない」

多くの人たちがそう思っていた。当時はバブル崩壊後であったが、まだその余韻が残っていた時期でもあった。そんな日本の安全神話を完全に破壊したのが1995年に起きた2つの大事件である。1月17日に起こった「阪神・淡路大震災」であり、3月20日に起こったオウム真理教による化学兵器を用いたテロ「地下鉄サリン事件」であった。まさに多くの国民が度肝を抜かれた、青天の霹靂であった。

戦後の高度経済成長以降では、1983年の日本海中部地震や1993年の北海道南西沖地震など、多数の死者を出す地震災害は幾度と発生した。しかし、まさか大都市・神戸の周辺で、多くの建物が倒壊し、死者が6000名を超えるような直下型地震が起こるとは、当時の多くの人が考えていなかっただろう。

この地震は大都市圏で起こった災害ということもあり、マスコミ各社によってこれまでの地震とは規模の違う被害が連日放送された。ほとんどリアルタイムで地震の被害状況が知らされたことで、改めて地震災害の恐怖が明らかとなったのである。

阪神・淡路大震災では10万棟以上の住宅が全壊し、その中には木造家屋だけでなく比較的安全と思われていた鉄筋コンクリート製の建物も倒壊した。また、阪神高速道路が倒壊するなど、これまでの地震の被害規模とは一線を画していた。6000人以上の死者のうち、約77%は倒壊した家屋などの下敷きになったことによる「圧死」が原因だったと言われている（出典：国土交通省近畿地方整備局「阪神・淡路大震災の経験に学ぶ」より）。

そこで、阪神・淡路大震災以降、倒壊した家屋から被災者を救い出すレスキューロボットが企業や大学などで盛んに研究されるようになった。震災では神戸大学の学生の多くが犠牲となったこともあり、当時の神戸大学のロボット工学の研究者達は地震災害レスキューロボットの先駆けとなる研究を盛んに行なった。神戸大学でレスキューロボットの研究をしていた田所諭《さとし》助教授（当時）はその後、東北大学災害科学国際研究所の教授となり、現在、その東北大学は日本のレスキューロボット研究の一大拠点となっている。

そんな東北大学のレスキューロボットのいくつかを紹介しよう。図2-20のレスキューロボット「Quince」は、クローラ型の移動機構と様々な計測機能を搭載し、地震災害時などに

図2-20：災害対応ロボット「Quince」
（画像引用／東北大学田所研究室）

人体にとって危険な環境下で情報収集を行う。その収集データを用いることで、迅速で安全な救助活動を目的としたロボットである。クローラ型の移動機構のため、倒壊家屋の瓦礫の上の移動や隙間などに容易に潜り込むことができる。操作は外部の人間がモニタなどを見ながら遠隔操縦が可能であり、さらにロボットが自律的に移動する機能も有している。調査した周囲環境をレーザースキャナーで計測し、そのデータから現場の3次元地図データを構築し、現場の状況を確認することが可能である。

　地震災害におけるレスキューロボットには、いくつかの企業も参入している。有名なものでは株式会社テムザックの「援竜」がある（図2‐21）。援竜は災害現場で瓦礫を撤去したり、倒壊家屋などからの被災者救助作業を目的としており、機動戦士ガンダムに登場する戦車型ロボット「ガンタンク」を彷彿させるフォルムをした、全高3・45m、全幅2・4mの大型ロボットである。上半身に相当する部分に装備された2本の大きな腕と、下半身のクローラが大きな特徴だ。より細かい動作を実現するためにロボットの腕やボディには合計10個のカメラを搭載し、操作者はロボット周囲の状況を確認することができる。また、超高感度暗視カメラにより夜間でも暗視能力による作業が可能だという。

その他にも地震災害の専用とは明記されていないが、同様のコンセプトの大型ロボットは建築機械の日立建機も開発している。今日、建築機械メーカーでは重機のロボット化を進めており、今後、活躍の場を広げていきそうである。

図2-21：株式会社テムザックのレスキューロボット援竜（T-54）（画像引用／テムザック）

地震災害におけるレスキューロボットの課題と解決案

これまでに多くのレスキューロボットが開発され、

これほどロボット技術が発達した今日においても、筆者が知る限りレスキューロボットが震災時に直接的に被災者を救出したという話は聞いたことがない（ただし、被災状況の調査などを目的とするロボットは実際にいくつかが投入され、一定の成果を上げている）。実際の震災時にレスキューロボットが活躍できない理由は様々であるが、代表的なものとして、以下の理由が考えられる。

■普及の問題

ロボットが高価な場合は普及が難しい。例えば東日本大震災の倒壊家屋は12万戸以上と言われており、場所も広範囲にわたる。さらに地震はいつ・どこで起こるか分からない。仮に消防署などにレスキューロボットを常備できたとしても、道路や橋などが寸断されている可能性が高く、短時間で現場に到着できない。

■電源問題

多くのロボットは電力で駆動している。実際に地震が起こった時、災害現場においてロボット駆動用電源の確保は困難である。蓄電式バッテリを用いる方法もあるが、駆動時間は長くても数時間程度である。

これら2つの問題点から、阪神・淡路大震災や東日本大震災レベルの大地震を想定した時に、現状のレスキューロボットでは対応が困難だと思われる。よって、実際に活躍できるレスキューロボットを生み出すには、少なくともこれまでのコンセプトを大きく変える必要があるように感じられる。

そんな中、私が個人的に注目しているレスキューロボット（?）を紹介しよう。レスキューロボットの後ろに「?」が付いているのには訳がある。それは、これから紹介するものが「ロボットとして取扱ってよいか」は微妙なところであるからだ。

それが「サイバー救助犬」である。サイバー救助犬は先述の東北大学・田所諭教授と大野和則《かずのり》准教授を中心に研究されている。このコンセプトは明快で、「レスキューロボット」が今すぐには実用化できそうもないならば、現時点で実用化されているレスキュー技術とロボット工学を融合させ、さらに高度なものとして、実用化に極めて近いレスキュー技術の開発を目指そうというものである。

救助犬とは災害救助犬のことで、地震などの災害現場で倒壊した家屋や土砂の中に存在す

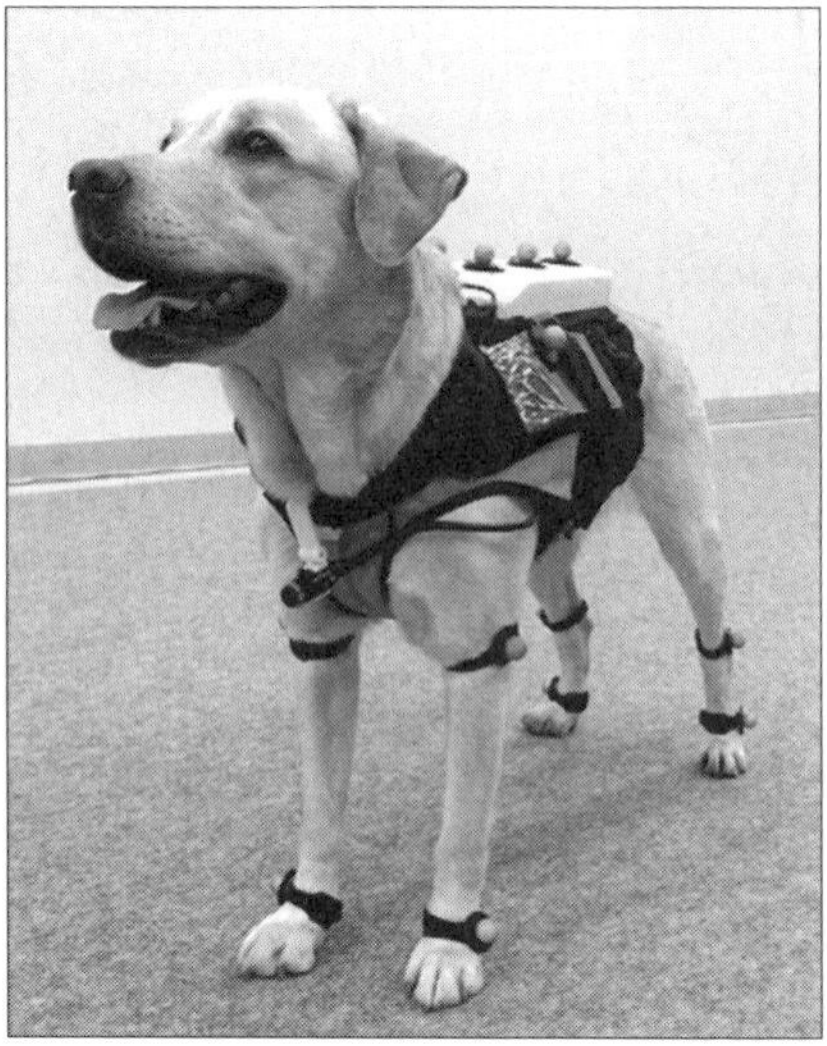

図2-22：行動計測スーツを身につけたサイバー救助犬（画像引用／東北大学）

る要救助者を、隙間などから入り込んで探索し、嗅覚によって発見するように訓練された犬である。この災害救助犬は実際に多くの現場で活躍している。

サイバー救助犬というのは、従来の災害救助犬に図2-22のように心電計測機能やGPS、カメラ、場合によってはロボットアームなどを搭載したハイテクロボットスーツを着せて、より高度な救助活動を実現しようとする試みである。

救助作業を通じてサイバー救助犬の行動を記録し、救助犬が潜っていった倒壊家屋内のデータを解析することで、被災者のいる可能性を自動で判断する試みがなされている。この技術は、最新のロボット技術を現場技術と融合させ、従来のレスキューロボットの欠点を克服するものであり、極めて実用性が高い。

原発処理ロボット（廃炉ロボット）

2011年の東日本大震災では、地震そのものの被害もさることながら、これまでの日本の大地震には見られなかった1つの大きな被害があった。それが原子力発電所の事故である。この事故が起きるまでは、マスメディアを使って「原発は安全」という広告などを多く見かけていたが、福島第一原子力発電所事故によりその安全神話は脆くも崩れ去った。地震による破損だけでなく、津波により非常用電源が水没、冷却機能を失った原子炉はメルトダウンし、水素爆発を起こした。その結果、周囲に放射性物質が放出し、国際原子力事象評価尺度でチェルノブイリ原子力発電所事故（1986年）と同じレベル7の深刻な事故となった。

事故の結果、原子炉の周辺は高い放射性物質により人間が近づくことができず、事故直後の緊急対応や廃炉処理にはロボットによる遠隔技術が用いられ、これまでに多くのロボットが投入されて一定の成果を上げている。

ただし、この福島第一原発事故では、ロボット技術の導入が後手に回った。そこで現在ではこれを教訓に、万が一にも次の原発事故が起こった場合にも、高度な作業能力を持ち迅速に対応できる次世代のヒューマノイドロボットの開発競争が盛んになっている。

その他のレスキューロボット（火山調査、消火活動、海難救助）

地震は確かに怖い。しかし、実はこの地震被害と匹敵するかそれ以上に被害想定が大きい災害がある。それが「火山噴火」である、火山活動はプレート活動と連動しているため、日本周辺の活発なプレート活動は地震のみならず、火山活動も誘発している。特に鹿児島県の桜島や富士山、浅間山《あさまやま》などが有名である。しかも、日本の活火山は100以上あり、特徴に基づく火山の種類は多岐にわたる。

火山噴火と言えば、2014年に多くの登山者が犠牲となった御嶽山《おんたけさん》の噴火が記憶に新しい。その時に露呈した事実として、地震の研究に比べて火山の研究の予算が少なく、一部の火山を例外として、国の研究体制が満足に整っていない事であった。一般に火山噴火は地震ほど頻繁には起きないため、そもそも我々の生活にも馴染みがなく、火山噴火に対する防災意識も低い。しかし、火山は大きな噴火が起こると、桁違いの被害を及ぼす可能性がある。例えば、九州南部の海中火山（鬼界《きかい》カルデラ）では約7300年前に破局噴火を起こしており、縄文文化で栄えていた九州を壊滅させたと言われている。この火山は現在でもランクAの活火山に指定されており（気象庁）、今日も破局噴火の危険性が指摘されている。

このような火山災害でのロボットを用いた災害救助に関しては、まだまだ発展途上である。しかし、手をこまねいているばかりではない。まずは、火山活動のデータ取得、噴火の早期予測や噴火後の調査を想定した火山調査ロボットが検討されている。

特に、火山の火口近くなどでは、人間が近づくことが出来ないような有毒ガスや火砕流が発生している場合が多い。そこで、火山調査ロボットが登場するのである。現在は直接的なレスキューというよりは、火山の状況を監視し、迅速で適切な避難指示などの減災を行なうことを目的としている。

東北大学、工学院大学、芝浦工業大学、国際航業株式会社、株式会社エンルートは国土交通省や関係組織と共同で、浅間山における火山探査ロボットの実証試験を行っている。浅間山は江戸時代にも噴火活動によって大きな被害を出しており、首都圏に近く、現在も活動中の活火山である。

ロボットを用いた調査の例としては、火山の堆積物の計測・サンプルの回収、それに含まれる水分量の計測、三次元データの測定などを行い、噴火後の降雨に伴う土石流発生の予測に役立てようとしている。また、人間が立ち入れない地域でのデータ計測のために調査用の

図2-23：ドローンによって運搬され，空中投下される小型遠隔移動ロボット
（画像引用／東北大学未来科学技術共同研究センター永谷研究室の動画より）

小型遠隔ロボットをドローンで運搬し、空中から投下する実験なども行なわれている（図2-23）。

地震、噴火や原発事故などは一度起こると大きな被害を及ぼすが、それほど頻繁に起こるものではない。しかし、火災や水害などは頻繁に起こる災害であり、毎年、少なからず被害が生じている。こうした災害による人的被害を出来るだけ小さくするために、様々なレスキューロボットが開発されている。ここでは、そのいくつかを紹介しよう。

火災に対しては消火ロボットなどが開発されている。消防庁では消火活動用ロボットとして

図2-24：消防庁の消防ロボットシステムと空飛ぶ消火ロボット
「ドラゴンファイヤーファイター」（画像引用／科学技術振興機構ホームページ）

飛行型偵察監視ロボット（ドローン）、走行型偵察監視ロボット、放水砲ロボット、ホース延長ロボットの4機で1チームの構成となるロボットシステムを開発している。

また、先ほど震災レスキューで紹介した東北大学のチームは八戸工業高等専門学校、国際レスキューシステム研究機構などと共同で、消火ホースに連結された複数の噴射ノズルを制御して水を噴射することにより、消火ホース先端を空中に浮上させて建物内に進入し、建物内部から火元を直接消火できる空飛ぶ消火ロボット「ドラゴンファイヤーファイター」を開発している（図2-24）。

従来の火災現場では、消防士が消火放水ホースを持って建物内部へ侵入して消火するのは極めて危険であるため、安全面を考慮して建物の外から放水することが多かった。しかし、建物内部からの消火活動の方が効率的な場合がある。このロボットシステムでは消火ホースそのものを浮遊させて、ホース先端だけが建物内部に侵入し、火元を直接消火できる。消防士は建物の外部からこの消火ロボットを操縦するため、安全で迅速な消火活動が期待されている。

ロボットとは異なるが、火災における防災技術として監視カメラの話をしておこう。従来の監視カメラでは、初期の火災時における「煙」を画像として識別するのは困難であった（煙センサは存在する）。もし、この煙をカメラで識別し初期の火災を確認できれば、初期消火や避難指示が容易となる。そこで近年では、画像処理と人工知能などを利用して「煙」を認識し初期消火に役立てる技術が開発されている（能美防災株式会社）。このような技術は今後、警備ロボットなどに積極的に導入されていくと考えられる。

最後に、海難レスキューについても語っておこう。海難レスキューロボットで有名なものに「エミリー」がある（図2-25）。エミリーは米海軍とアメリカ・ハイドロナリックス社が共同で開発した海難用の人命救助ロボットである。全長1・2m、重量約11kg（25ポンド）

図2-25：海難レスキューロボット・エミリー。荒波の中も進んでいける。
（画像引用／HYDRONALIX社ホームページ）

である。基本はヘリコプターなどから遭難者に向かってエミリーを投下して使用するが、今後は遠隔操作により最大時速35ｋｍで水上を移動し、要救助者に接近して救助を行なうことを想定している。荒波や速い潮の流れでも救助に向かうことができ、これまでのところ世界各国で採用されて多くの救助実績を残している。

ウェアラブルロボット

ミチビキエンゼルタイプ

漫画「ドラえもん」に「ミチビキエンゼル」というひみつ道具が登場するのをご存じだろうか？　このアイテムは、図2‐26のように人間の手に装着して使う腕人形のようなロボット（？）である。周囲の状況を判断し、危険予測などをしながら、その時々に装着者のためになることをアドバイスしてくれる。

作中では、ミチビキエンゼルのアドバイスが現実的に実行不可能だったり、一方的であったりして迷惑なアイテムとして描かれており、装着者の人間（のび太）がアドバイスに従わない時などは、殴ったり噛みついたりして、愛くるしい顔に似合わず結構暴力的なアイテムであった。

そんな描かれ方をしたアイテムだが、このミチビキエンゼルのように人間が装着して人間をサポートするロボットの開発が進んでいる。このようなロボットのことを「ウェアラブルロボット」といい、１９９０年代後半から現在まで盛んに研究されてきた。文字通り「Wearable（着用可能、身につけられる）」なロボットなので、このように呼ばれる（図２-27）。

近年人気のスマートウォッチやスマートスピーカーなどは、人工知能やＩｏＴ（Internet of Things）を活用し、「オッケーグーグル！　今、何時？」「ヘイ、Ｓｉｒｉ！　タイマー3分！」などと口頭で質問や命令してユーザーをサポートしてくれるので、「手足のない簡易的なミチビキエンゼル」とみなせるかもしれない。ただし、スマートウォッチはどちらかと言えばウェアラブル「コンピュータ」としての意味合いが強い。会話などで情報をやりとりすることが出来るが、ミチビキエンゼルが装着者を叩くといった「装着者や外部の環境との物理的な情報のやりとり」はほとんどない。

図2-26：ドラえもんに登場する「ミチビキエンゼル」（画像引用／『ドラえもん』３巻87ページ5コマ目、小学館てんとう虫コミックス）

一方、シャープから発売されているモバイル型ロボット電話「RoBoHoN（ロボホン）」などは形式的には電話に分類されるが、ポケットに入れて持ち歩いたり、専用のホルダーに入れて首からさげて持ち

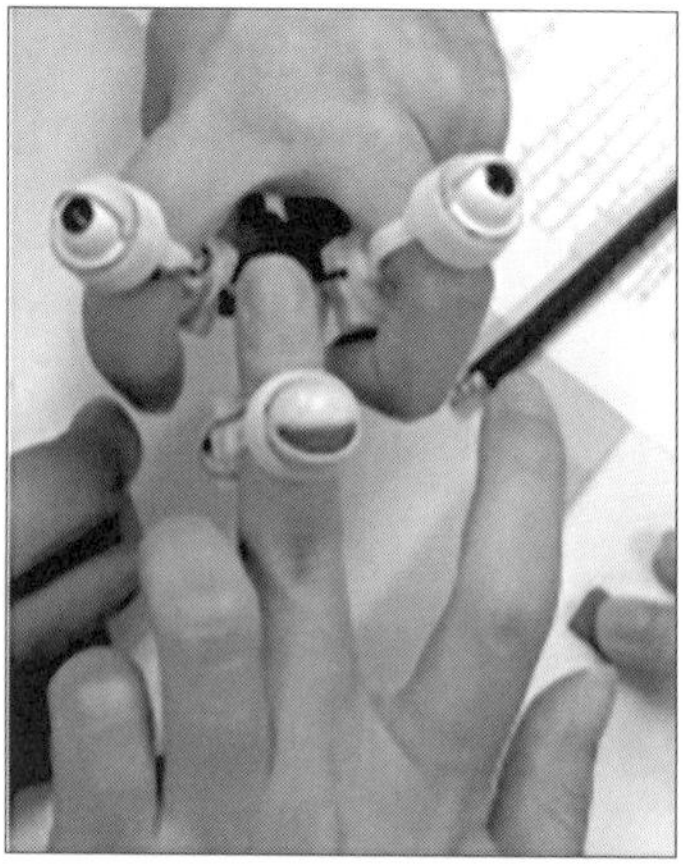

図2-27：ウェアブルロボットの例
（画像引用／「Pygmy：指輪型擬人化デバイス」より）

図2-28：シャープ製ロボホン
（画像引用／シャープ）

運ぶことを想定しており、「ミチビキエンゼル」のコンセプトに近いウェアラブルロボットだと言える（図2‐28）。
　今のところ、ロボホンではミチビキエンゼルのように危険予測などは不可能であるが、数年後には人工知能を利用して歩行時の自動車との衝突予測や落下物の危険回避などが可能なウェアラブルロボットが登場するかもしれない。

パワードスーツタイプ

　ウェアラブルロボットは大まかに分けると2つに分類される。1つ目はドラえもんに登場するひみつ道具「ミチビキエンゼル」のように、装着者に対し周囲の情報などを提示してサポートするロボットである。

もう1つはパワーアシストスーツのように、人間の動作を補助するロボットである。後者のウェアラブルロボットを本書ではパワーアシスト型と呼ぼう。SFの世界ではパワーアシスト型のウェアラブルロボットが数多く登場する。例えば、映画「エイリアン2」に登場する「パワーローダー」などは有名である。このようなパワーアシスト型は、軍隊における兵士の身体能力を超人的に向上させる軍事ロボットと強い繋がりがあるが、一方で医療や福祉などの平和利用に向けて研究され、商品化されているものも存在する。

パワーアシスト型の中で最も読者のイメージに近いものは、SFの世界に登場する、人間の力を増強して大きな力を発生させるロボットスーツであろう。操作者が着込んで、その人間を超人にしてくれる。例えば、宇宙刑事ギャバンのコンバットスーツのようなものである。その例として、初めに、株式会社人機一体の「パワーフィンガー」と「パワーエフェクタ」を紹介しよう（図2-29）。パワーフィンガーは操作者の握力を増幅させるウェアラブルロボットフィンガーである。このパワーフィンガーを装着した人間は、握力を100倍以上に増幅することが可能となる。缶コーヒーの空き缶ならば縦方向にペシャンコにつぶすことが

図2-29：株式会社人機一体のウェアラブルロボット
「パワーエフェクタ」
（画像引用／Robot Watchホームページ）

可能であり、さらに弾力のあるスーパーボールをもバチンとつぶせるという。もう一方のパワーエフェクタは人間の腕に装着するロボットアームである。装着した操作者は腕のパワーが増幅され、通常の10倍、１００倍の力を発揮し、重量物を運ぶこともできると同時に、繊細な動作も行うことができる。

　これらのウェアラブルロボットでは、装着者が発する力を検知し、ロボットの関節に仕込まれたアクチュエータをコントロールすることで力を増幅する。一般に力を増幅させる利用法にフォーカスされることが多いが、逆に人間の力を小さくする方向にもコントロールできる。例えば、あえて人間の力を10分の1に減少させるようにコントロールすることで、繊細な力加減が必要な作業などに利用される。

　次に紹介するのはサイバーダイン株式会社の「ＨＡＬ」である。ＨＡＬは図２-30左の

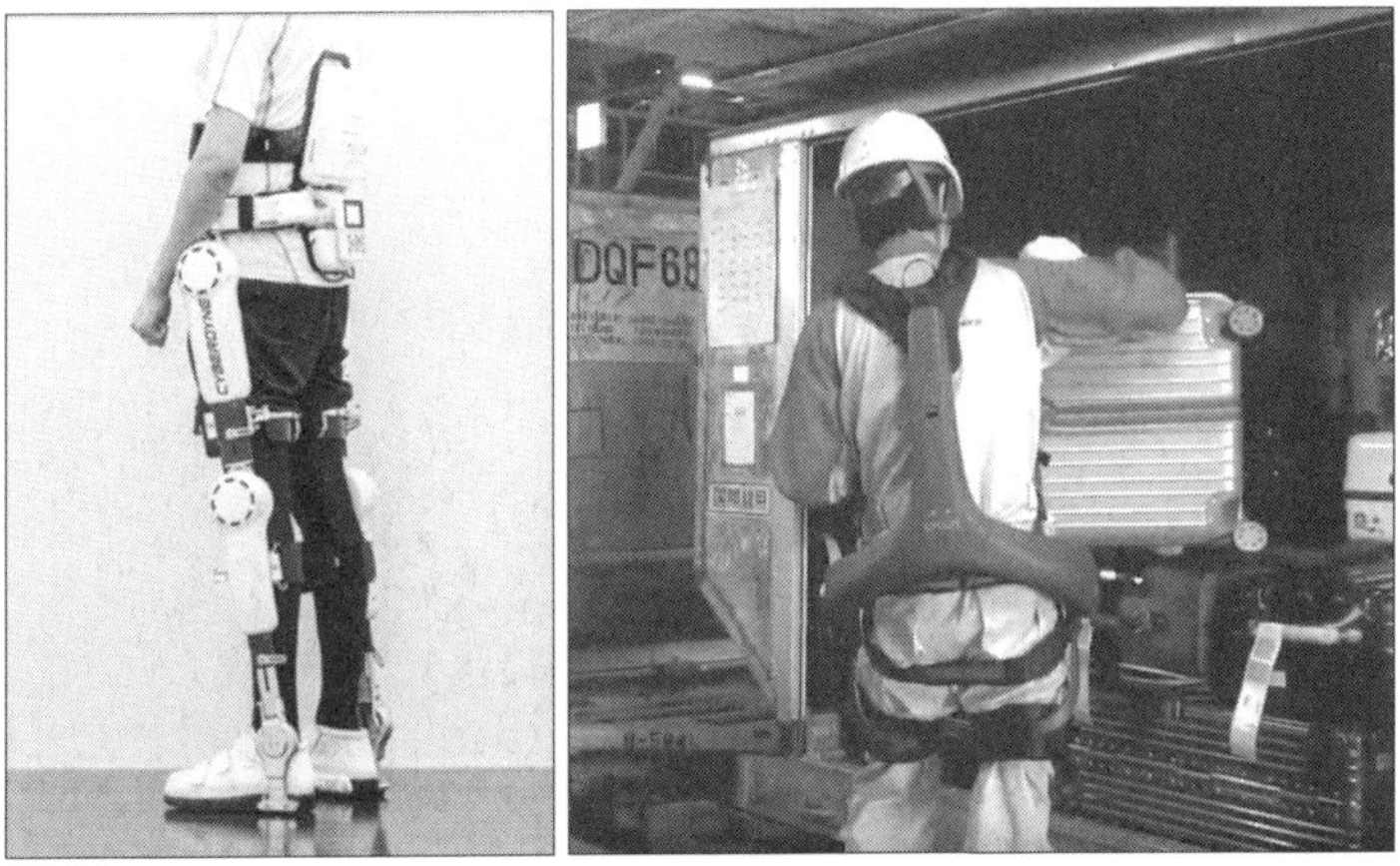

図2-30：HALの医療用下肢タイプ（左：画像引用／サイバーダイン社）と
羽田空港・成田空港に導入されたパワーアシストスーツ「ATOUN MODEL Y」
（右：画像引用／ATOUN社）

ように上半身・下半身を補助し動作をサポートするウェアラブルロボットであり、歩行時に発する筋肉の電気信号を読み取り関節部の電磁駆動アクチュエータ（電動モータ）を駆動させることで、運動時の補助を行なう。障害者のための歩行支援や歩行リハビリなどに応用されているが、それ以外にも工場内で重量物を持って作業する場合や災害現場のレスキュー支援などの作業支援などが想定されている。また、腰の動作を補助するものなど、いくつかのバリエーションが存在する。

他にも、ＪＡＬ（日本航空株式会社）は羽田空港と成田空港において、乗客の手荷物や貨物の積み込み作業のためのパワーアシストスーツとして、２０１９年よりＡＴＯＵＮ社の「ATOUN MODEL Y」を導入している（図2-30右）。作業者の腰部の動きをアクチュエータで補助することで、作業者の負担を減らしている。

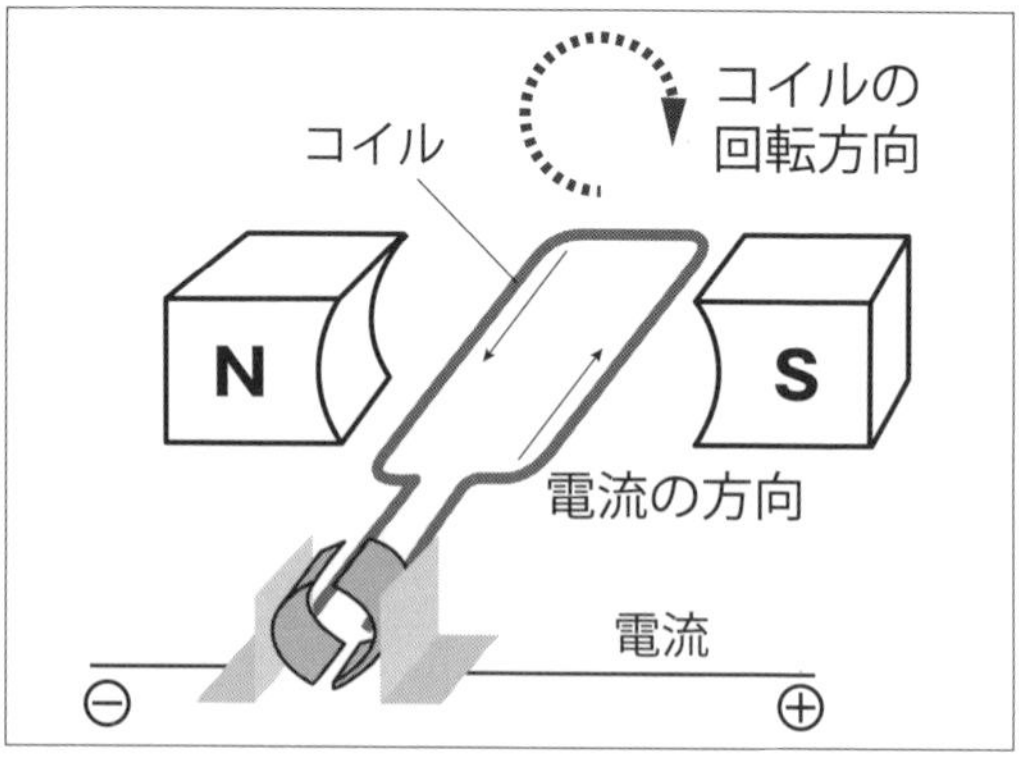

図2-31：直流モータの仕組み図

ところでHALのように電磁駆動アクチュエータを用いて関節を駆動させるタイプのものは、1つ大きな欠点を持つ。電磁駆動アクチュエータはロボットに最もよく用いられているが、実は自重に対して発生する回転力（トルク）が比較的小さいのだ。

読者に最も馴染みが深い電磁駆動アクチュエータとして、直流モータがあるだろう。簡単に言えばミニ四駆などに使われているモータである（図2-31）。直流モータの内部には磁石があり、軸に取り付けられたコイルに電流を流すことで、ローレンツ力によって回転力を取り出す。理論的にはコイルの巻き数を増やせば増やすほど回転力が増加するが、今度はコイルによる自重も増大する。また、コイルに流せる電流にも限界があり、限界を超えて電流を流すとコイルの発熱により、コイルが焼き切れてしまう。そこで、回転力の小ささを補うためにギアを用いて回転力を増幅させるが、ギアを用いると今度は回転速度が落ちてしまう。また、ギアによる自重の増大も問題である。

特に、ウェアラブルロボットのように人間が装着する場合には、各関節に組込まれたアクチュエータの自重でロボットそのものが非常に重たくなり、装着者に大きな負担を掛ける可能性がある。そこで、この欠点を克服するために、ウェアラブルロボットの関節を電磁駆動アクチュエータではなく、その他のもので駆動させるアイデアが存在する。

一例として、電磁駆動アクチュエータの代わりに、空気圧で駆動するアクチュエータを利用する方法がある。例えば直動方向に伸縮する空気圧シリンダなどである。空気圧シリンダは工場などでよく用いられ、シリンダ内に圧縮空気を流入させることでピストンを駆動させる。空気を圧縮させるために重たいコンプレッサやタンクなどが別途必要になるが、それらは別の場所に設置し、細いホースでシリンダに空気を送ってやれば、駆動部自体はかなり軽量化できる。

それでも、シリンダは通常は金属で作られるために、それなりに重い。そこで、この空気圧シリンダを発展させたものが図2-32に示す「ゴム人工筋肉」である。ゴム人工筋肉は、ゴムのホースのようなものを外側から編み込んだ繊維で囲んだ構造をしており、ゴム人工筋

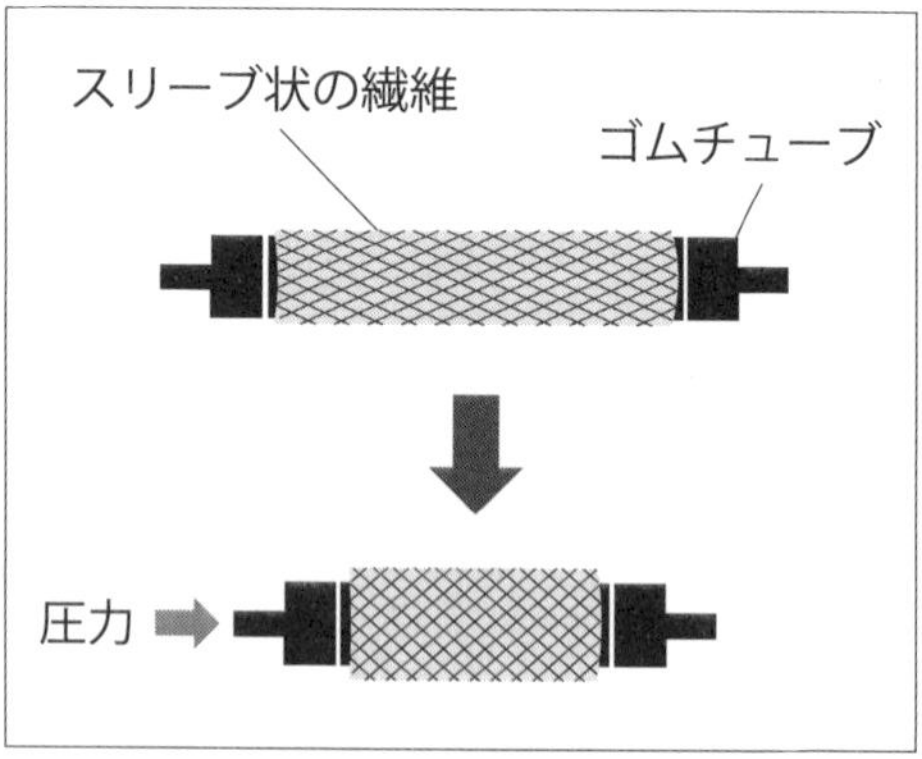

図2-32：空気圧シリンダとゴム人工筋肉

肉に空気を流入させることで実際の筋肉のように収縮するのである。発生する力も大きく、極めて軽量であるため、人間が着込むようなウェアラブルロボットのアクチュエータとして使うのは非常に利点が大きい。

また、柔軟なゴムを柔軟な空気を用いて駆動させるため、電磁駆動アクチュエータとは異なり柔軟な動きが可能となる。この柔軟性から人間とロボットの動きが相反した場合、アクチュエータが人間の動きに柔軟に従ってくれるので、装着者の安全性が高い。

このゴム人工筋肉を用いたウェアラブルロボットが株式会社イノフィスが販売している「マッスルスーツ」である（図2‐33右）。このマッスルスーツは工場内などの重労働に対し、腰や腕・脚の動きなどを補助する。構造がシンプルなため、安価に製作することができるのが特徴だ。ゴム人工筋肉に圧縮空気を送り込むコンプレッサなどの装置をマッスルスーツの外部に設置する場合には、ホースで空気を吸入するためにホースの長さ以上は動けないが、反対に言えば工場内での作業といった作業空間が限

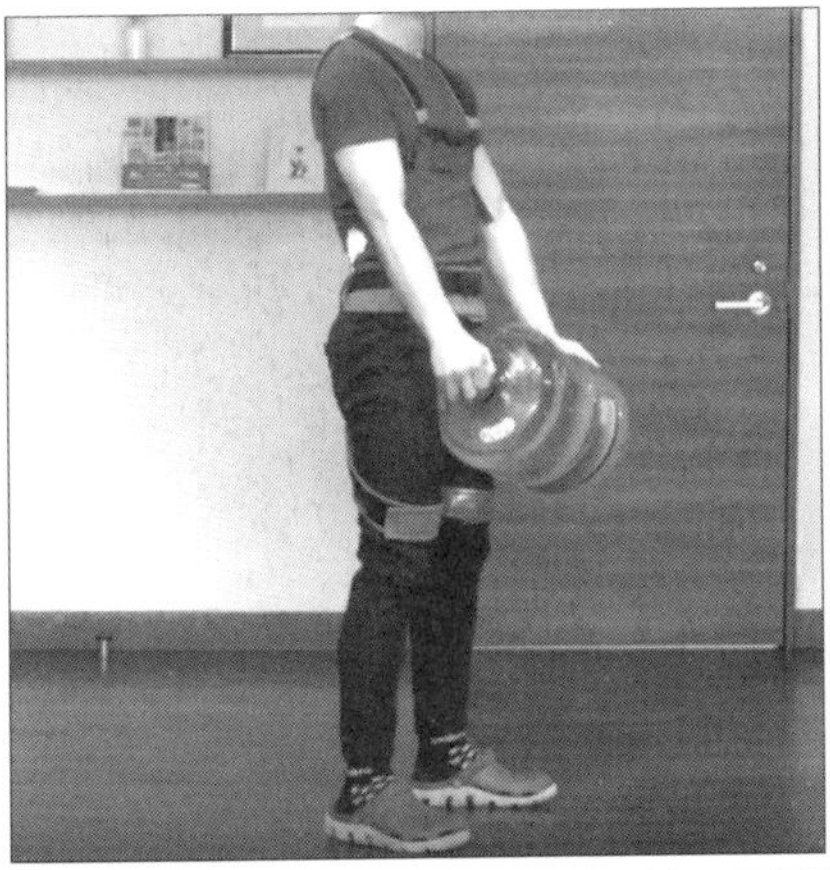

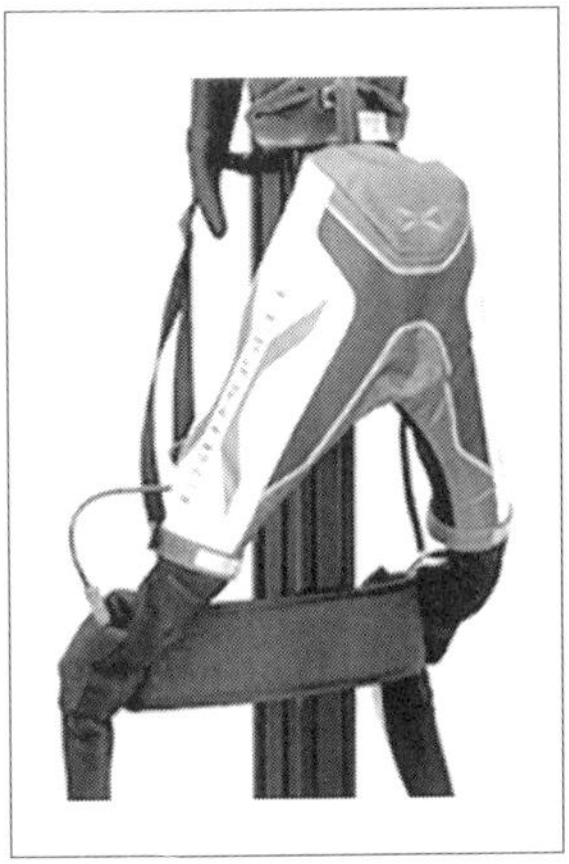

図2-33：マッスルスーツ（右：画像引用／イノフィス社）と
スマートスーツ（左：画像引用／スマートサポート社）

定されている場合には特に問題なく利用できる。

しかし、そんなマッスルスーツでも、やはりゴム人工筋肉のコントロールなどに精密機器を必要とするため、ＨＡＬなどに比べて相対的に低コストとはいえ、それなりにコストがかさむ。

そこでゴム人工筋肉の代わりに、センサなどの電子機器を一切用いず、もっと単純に収縮性のゴム素材のみで製作し、主に農作業・介護作業・運搬作業などにおける腰の動作補助（軽労化）に特化したものが、株式会社スマートサポートの「スマートスーツ」である（図２‐33左）。このスマートスーツは一見すると、スポーツで用いるサポーターやコルセットのようであまりロボットの感じは受けない。しかし、ロボット

図2-34：スケルトニクス株式会社の「スケルトニクス」（画像引用／スケルトニクス社）

工学と人間工学の技術を駆使して製作されており、ウェアラブルロボットの一種と見なすことができる。センサなどの電子機器を一切用いず、また、コンプレッサなどを駆動させる電源も不要であり、極めて安価に販売できる。

また、同様のコンセプトとして、スケルトニクス株式会社の「スケルトニクス」もある（図2-34）。スケルトニクスは外骨格構造を有した機体を装着者が着込み、機械構造を利用して装着者の運動を増幅するウェアラブルロボットである。操作者の人間の運動の力を利用しているもので、今後、災害現場や労働現場に普及が期待される。

このように、ロボット工学を駆使したウェアラブルロボットはまさに、我々の社会に進出してきており、労働環境の改善に今後ますます発展が期待される。

サイバネティクス

皆さんがＳＦの中でイメージするロボットとは、どういうものだろうか？「ＳＦで」となるとガンダム、マジンガーZ、ドラえもん、鉄腕アトムなどを思い浮かべる読者が多いと思われる。これらのロボットは基本的には、金属や樹脂などの機械材料で作られたボディを有する。これまで本書で解説をしてきたロボットの多くも基本的にはこのような機械材料で作られたロボットであった。

しかし、ここで視点を変えてみよう。それは「サイバネティクス」である。サイバネティクスとは、電気電子工学、情報工学、機械工学や通信工学などの技術と生物学、生理学を融合した学問である。もう少し簡単に言えば、ロボット技術と生物学を融合させた学問である。ＳＦの例で言えば、「サイボーグ００９」や「仮面ライダー」のようなサイボーグ技術をイメージして頂ければよいであろう。

これらＳＦに登場するサイボーグは、生身の人間の一部の機能をロボット工学による人工物に置き換え、常人を超えたパワーやスピードを発揮する。ヒューマノイドロボットはロボット技術が主体でありロボットの形状を人間に似せているのに対し、サイボーグは生身の人間の一部をロボットに置き換える。なお、アンドロイドという言葉もあるが、アンドロイドは簡単に言えばヒューマノイドロボットを外見的にかなり人間に似せたもので、サイボーグとは異なる。

サイバネティクスと人工臓器

サイボーグ技術というと、SFの世界に限った話のように聞こえる。しかし、サイバネティクスは必ずしも仮面ライダーのような超人を生み出すためだけでなく、実は我々の現代社会にかなり広く利用されている。

サイバネティクスで最も実用化し、普及している例が、医療現場の人工臓器である。人工臓器は病気やケガなどの理由で機能が損失もしくは低下した臓器を、人工物に置き換えたものである。具体的には義手や義足、人工関節、人工心臓、人工皮膚、人工肛門、人工眼などがあげられる。

例えば、人工関節は体内に長期間埋め込んでも人体に影響がなく、関節回転における摺動《しゅうどう》部（部品と部品の擦れあう部分）には耐摩耗性に優れたハイテク材料が使われている。また、人工心臓では人工ポンプを体内に埋め込み（体外の場合もある）、体内の血液を循環させる。人工ポンプと言ってもコンピュータやセンサ、アクチュエータによって高度に制御されたポンプであり、ロボット技術の応用であるといえる。

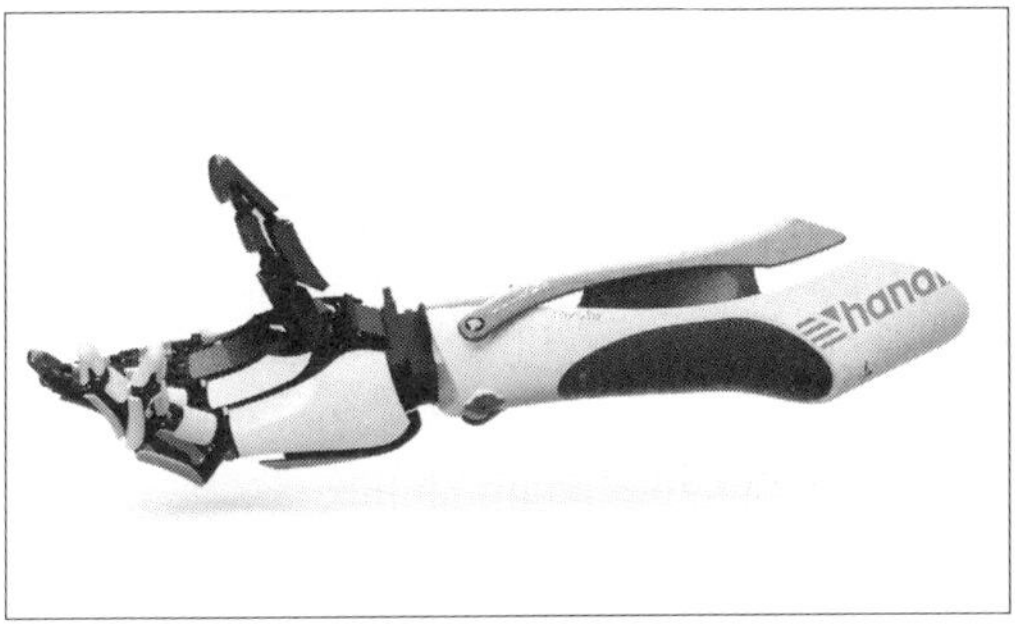

図2-35：筋電ロボット義手の「handiii」
（画像引用／exiii design）

特に義手や義足は、ロボットアームやロボット歩行をダイレクトに拡張した技術である。ただし、通常のロボットアームのコントロールと根本的に違うところは、義手や義足はそれを装着した人間の意思に従って動かす必要があることである（図2-35）。近年は筋肉の電気信号を計測するセンサが安価になり、さらにスマホやタブレットの普及、人工知能の発達などでコントロール技術が発達し、以前よりは容易にロボットアームを義手や義足に応用出来るようになっている。例えば、義手の場合には利用者の脳波や眼球の動き、筋肉の電気信号などを人工知能を含むプログラムが総合的に判断して、装着者の希

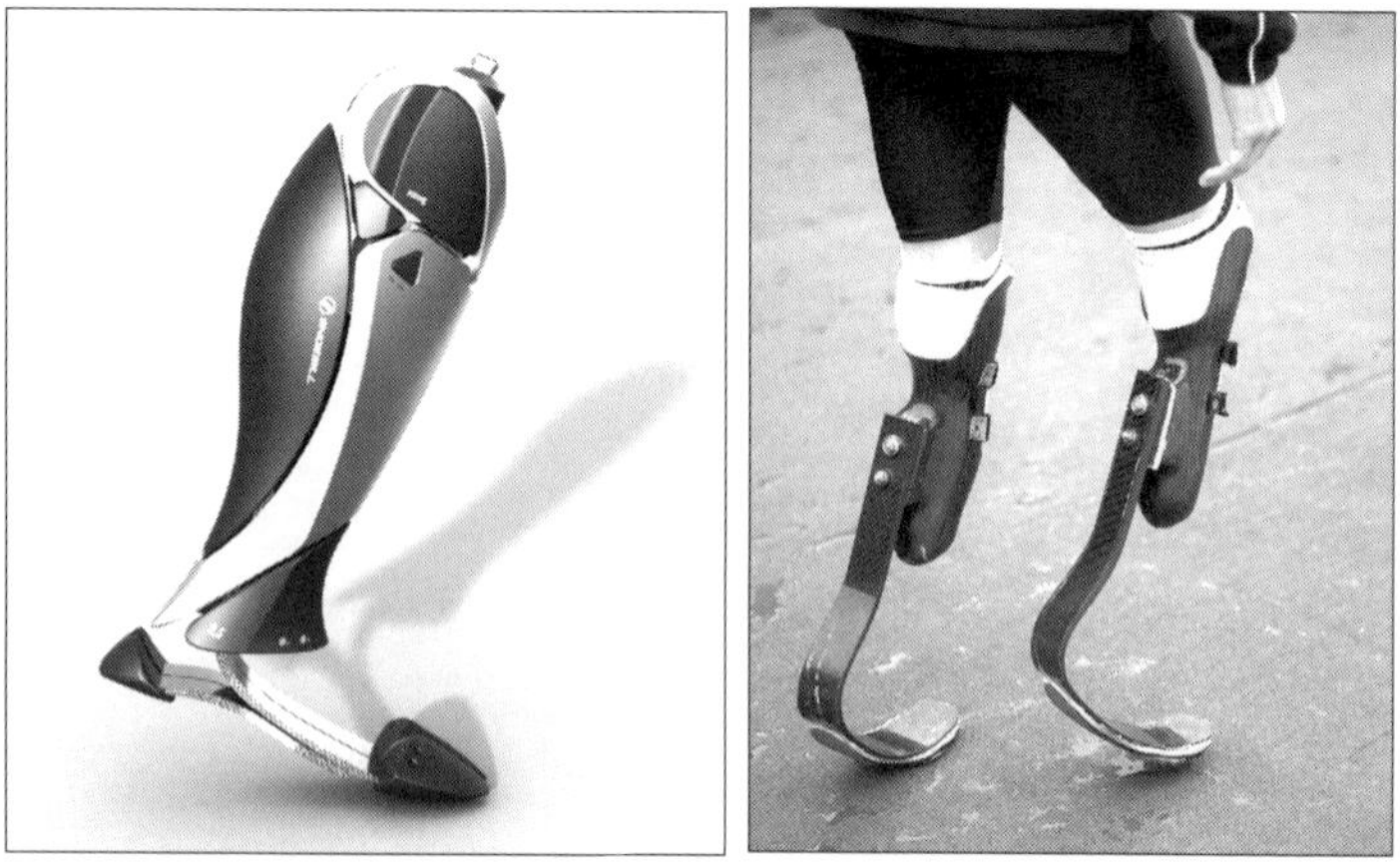

図2-36：アクチュエータを搭載した義足「SHOEBILL」（左：画像引用／exiii design）とオスカー・ピストリウス選手の義足（右：©Nick Webb）

望する行動を予測し、義手を動かす事も可能である。

義足に注目すると、先述したようにセンサ、アクチュエータを用いロボットレッグ（脚）を直接的に応用したものも存在する（図2-36左）。しかし、主な目的は歩行・走行と限定されているため。膝から下のみが欠損した場合などは、アクチュエータやセンサ・コンピュータなどの電子・電気要素を排除して、機械的工夫により歩行を実現するものも登場している。一見するとローテクのようにも見えるが、実はそうではない。人間工学とロボット工学を応用し、電力がなくても歩行や走行ができるように、素材や機構に相当なハイテク技術を投入している。電力を使用しないので故障も少なく、軽量化が可能であり、より安価に開発出来る点がポイントである。

皆さんはパラリンピックで義足での短距離走を見たことがあるだろうか。あれは、電気を使っていないタイプの義足である（図2‐36右）。2019年現在、両義足での有名なスプリンターに南アフリカ共和国のオスカー・ピストリウス選手がいるが、彼が用いた義足は短距離走に特化したものであり、両足に炭素繊維でできたシンプルなブレード状の義足をつけて、オリンピックとパラリンピックの両方に出場している。

また、義眼の開発は、近年の人工知能を利用した画像処理技術の発展の恩恵を強く受けている。全盲の場合でも、カメラやセンサなどを搭載したハイテク義眼を装着し、その信号を人工網膜を通じて視神経を通じて脳中枢に信号を伝達することで、装着者の脳に直接映像を映し出す技術も盛んに研究されている。

昆虫サイボーグ

サイバネティクスは何も人間だけを対象にしたものではない。特に盛んに研究されているのが、昆虫を用いたサイバネティクスである。昆虫は神経系が他の生物よりも加工しやすく、

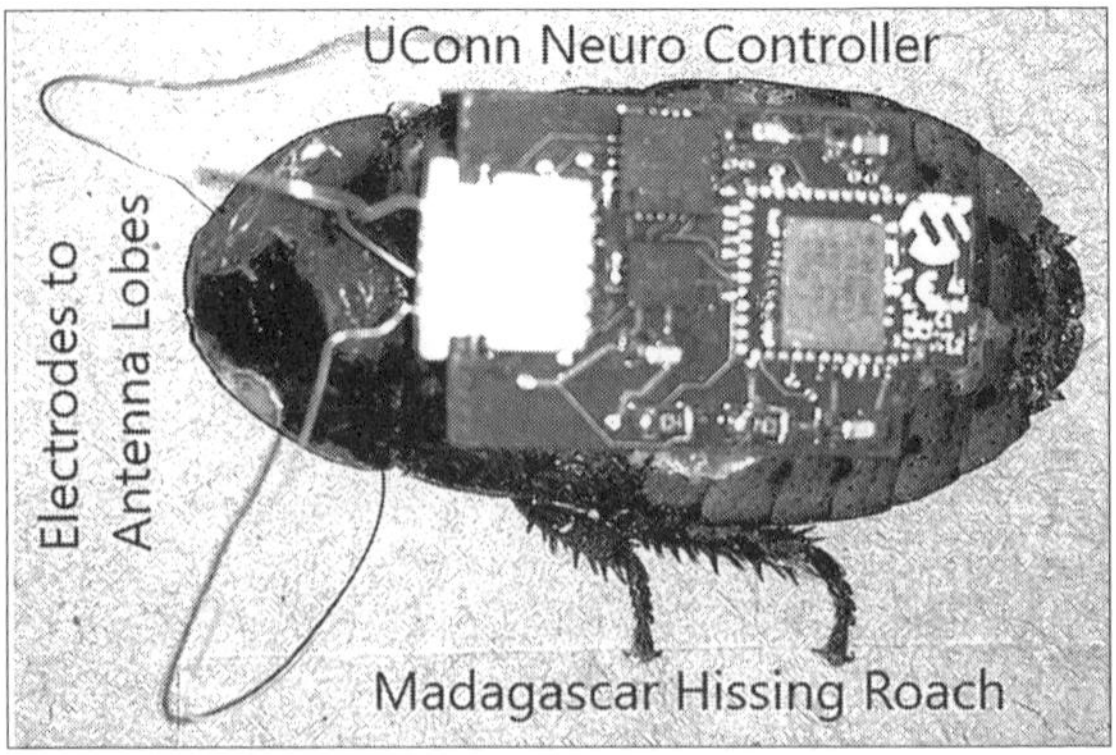

図2-37：サイボーグ化したゴキブリ
（画像引用／Abhishek Dutta's lab at the University of Connecticut）

取り扱いも容易である。そこで、昆虫の神経系に電気信号を送り込み、昆虫の動きを自由にコントロールする研究が行なわれている。

特にゴキブリは神経系の加工がしやすく、さらに入手も容易であることから研究対象に用いられることが多い。ゴキブリサイボーグである。

図2－37のようにゴキブリの身体にコンピュータチップを貼り付け、その信号をゴキブリの神経系と接続することで、人間がゴキブリをラジコンのように操作することが可能となりつつある。皆さんご存知の通り、ゴキブリは非常に小型であり隠密性に優れているので、地上では細いパイプの中や部屋の隙間などに入り込み、様々な調査が可能となる。また、昆虫特有の羽による飛行を行なえば、それはまるでドローンである。このような行動を行なうのは一匹に限定される訳ではないので、多くのゴキブリサイボーグを群ロボットとして大量に放てば、例えば街中

の環境のデータ収集とかにも役立てるのである。

家でゴキブリが大量発生し、殺虫剤で駆除してみたら実はサイボーグ化したゴキブリで、その家にデータ収集に来ていた……なんともゾッとする話であるが、近い将来、まったく可能性がないわけではないのである。

医療・福祉ロボット

医療ロボット

日進月歩の技術と言えば、医療技術の進化も目覚ましい。特に高度医療分野では、ガン診断などに人工知能の技術を積極的に取り入れる試みがなされている。例えば胃カメラで撮影した画像を画像処理し人工知能を用いることで、ベテランの医者でしか発見できないような胃ガンを早期発見したりする技術である。

ロボットの医療応用も積極的に行なわれており、特に有名なものが手術用ロボットである。その中でも現在、大きなシェアを占めているのが、アメリカのインテュイティヴ・サージカル社が開発した「ダヴィンチ（da Vinci）」である（図2 - 38）。この商品名は第1章でも紹介した偉大な発明家レオナルド・ダ・ヴィンチにちなむ。このロボットは胸部および腹部の外科手術を目的とし、3D撮影が可能な内視鏡カメラと小型手術用ロボットアーム（ロボット鉗子《かんし》）、操作用コンソールなどから構成される。

手術の際には患者の身体に小さな穴を開け、その穴から、内視鏡カメラと小型ロボットアームを患者の体内に挿入し、患部の手術を行なう。ロボットの操作者（オペレータ）である手術医は、手術台から数メートル離れた場所にある操作用コンソールの前に座り、内視鏡カメラから送られてくる3次元画像をモニタで見ながら、ロボット操作用のコントローラで体内に挿入したロボットアームを操作し、患部の切除や縫合などを行う。このロボットアームは操作者の動きをスケールダウンした動作が可能なため、例えば操作者の操作量をロボットアームでは3分の1に縮小することでロボットアーム先端での微細な動きも容易に実現できる。

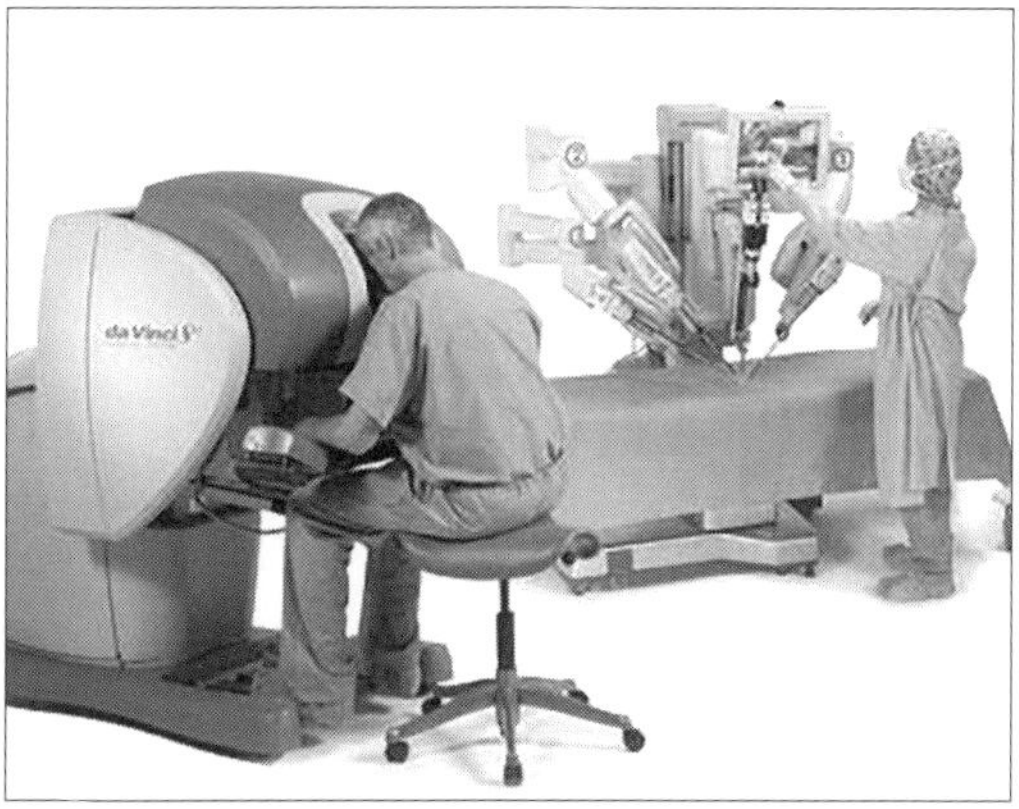

図2-38：医療ロボット「ダヴィンチ」の操作イメージ
（画像引用／札幌北楡病院ホームページ）

手術の際に患者の腹部などを大きく切り開くことなく、1～2cm程度の小さい傷のみで手術が可能であるため（低侵襲手術）、患者に対する負担が小さく術後の回復が速い。また、従来の手術の多くは手術医が立った状態で手術を行っており、長時間に及ぶ手術では手術医の肉体的負担も大きかった。しかし、ダヴィンチではロボット操作者である医者が座って、モニタを見ながら無理のない姿勢で手術が行なえるため、手術医の疲労が少なく長時間の手術が容易となる。

ダヴィンチは、アメリカで１９８０年代後半から積極的に研究されてきた。当初は戦場で負傷した兵士に対し、アメリカ本土から遠隔手術を行うことを目的に研究されてきたが、一般医療への応用が図られ、２０００年にアメリカ食品医薬品局で承認された。その後、一般に販売されて、日本の病院でも２０００年以降に盛んに導入されてきた。現在では世界の臨床実績は年間28万例に達するという。

日本では、導入当初はダヴィンチによる手術に対して健康保険の適用がされていなかったが、２０１２年に前立腺癌の全摘出に対して保険適用されたのを皮切りに、現在では他の癌手術などに対して健康保険が適用されるようになった。大病院の多くには、このダヴィンチが導入されている。

ダヴィンチは年々改良されており、様々な機能が新たに搭載され続けている。また、他の医療メーカーも医療ロボット市場に参入し始めており、今後、医療ロボットは人工知能を積極的に取り入れ、より高度な作業が可能となるだろう。そして、より安価になり、保険適用となる手術の対象が増えていくと思われる。

近い将来、高度医療を受けることが難しい田舎の病院や医師不足に悩まされている過疎地の病院においても、医療ロボットを用いて、都会の病院にいる医者が遠隔で現地のロボットを操縦し、手術を行う遠隔医療も可能となるだろう。そして、人工知能がさらに発達していけば、究極的にはロボットを操作するオペレータの医師も必要としない、完全に無人の手術ロボットが出来る可能性も十分にある。

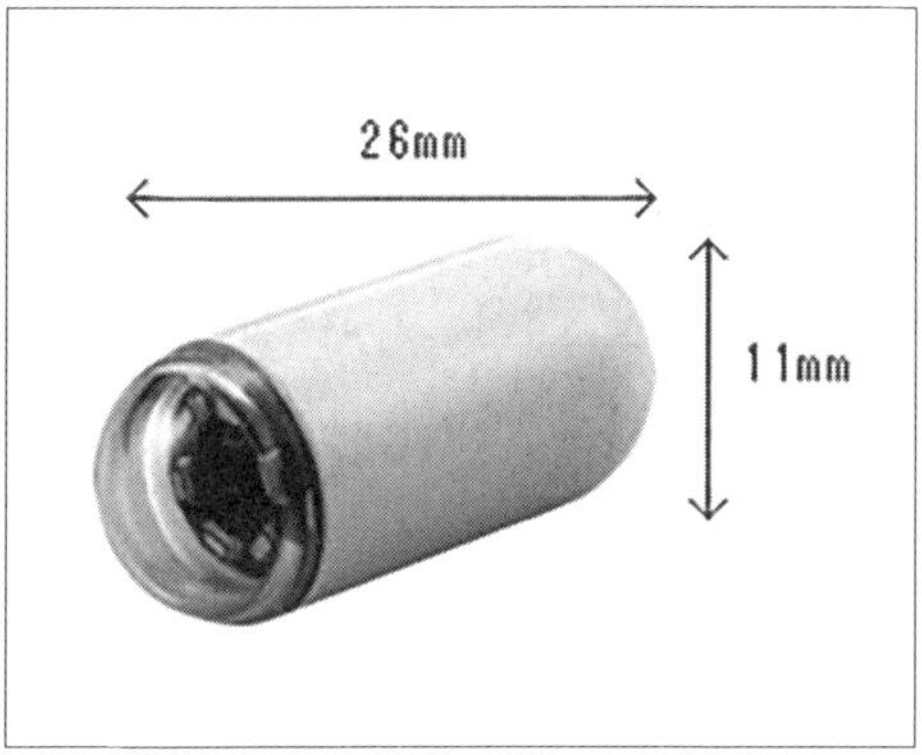

図2-39：カプセル内視鏡
（画像引用／オリンパスおなかの健康ドットコム）

さて、医療ロボットのもう1つの話題として、カプセル内視鏡を紹介しよう（図2-39）。

カプセル内視鏡は小型カメラを搭載した小型カプセルを口から飲み込み、カプセルが肛門から排出されるまでの体内の移動中に小腸・大腸などの消化器官を内部から直接撮影し、画像データを送信することで体内の検査を行うものだ。カプセルは使い捨てで、肛門から排出されたものは廃棄される。このカプセル内視鏡はすでに実用化されており保険適用されている。

従来の消化器官の直接の撮影といえば、胃の検査には線状の内視鏡ファイバースコープを口から挿入し、大腸の検査の場合には肛門から挿入して直接観察していた。これらの方法は現在でも極めて有効な手段であるが、いずれの場合も胃や大腸など、出口に近い消化管は検査できるが、出口から距離がある小腸などでは撮影が困難であった。もちろん、腹部を開腹すれば可能であるが、それでは患者の負担が大きい。この内視鏡カプセルは出口から遠い小腸内部も容易に、そして極めて低侵襲に撮影が可能である。

しかしながら、内視鏡カプセルには課題もある。現在、実用化されている内視鏡カプセルの移動方法は、人体の消化反射に基づき、食道→胃→小腸→大腸と移動していくものだ。つまり、一定の場所で一定時間留まったり、方向転換や逆走などは出来ない。もし体内の消化管を自由に移動することが出来れば、特定の箇所を重点的に撮影できるようになる。

そこで、この内視鏡カプセルをロボット化して体内をある程度自由に移動できる移動機構や小型ロボットアームに似たものを搭載し、患部の切除や検査、ピンポイントでの薬品の散布などを可能にしようと研究されている。このロボット化された内視鏡カプセルが実用化されれば、これまで以上に低侵襲な検査や手術が可能となるのである。

介護ロボット

現在の日本では少子高齢化に伴う被介護者の急増と、介護者の人手不足が問題視されており、それを解決する手段として介護ロボットが注目されている。介護を必要とする方は主に高齢者や障がいを持った方、病気や怪我で自分自身だけでは生活が困難な方が対象となり、これまでの介護では病院や介護施設、もしくは自宅などで、施設に勤務する介護職員や訪問介護員（ホームヘルパー）が多くのことを人力で作業を行なっていた。介護作業の内容には、食事の支援やベッドから車いすへの移動、排泄や入浴の介助、コミュニケーションなどがある。

しかし、このような介護作業は精神的にも肉体的にも極めて重労働なものが多く、介護職は離職率が高い。そこで、積極的にロボット技術を導入し、介護業務に携わる人の負担を出来るだけ減らそうとしている。このようなロボットを介護ロボットと呼ぶ。一口に介護ロボットと言っても、こちらも様々な目的のものが存在するが、大まかな種類として「被介護者をサポートするもの」「介護者（介護する人）をサポートするもの」「その中間のもの」の３つに分類できる。

まず被介護者をサポートするものとして、コミュニケーションロボットが存在する。皆さんは「アニマルセラピー」という言葉をご存じだろうか？　アニマルセラピーとは、精神的な不安を抱える患者に対し、動物と触れ合ってもらうことで精神的な健康回復を促進させるものである。このアニマルセラピーは高齢者介護にも有効であることが知られており、介護施設で長期間生活している高齢者を犬や猫、ウサギといった愛玩動物と触れ合わせることで、日々のストレスが軽減する効果があると言われている。

例えば、高齢者がかわいい猫を抱いて、「お前、元気じゃったか？」「ニャー」「良い子じゃなぁ。ほれ。饅頭は食べるかい？」「ニャー」と、わきあいあいとコミュニケーションをとるのを想像していただけると、イメージが沸きやすいだろう。

しかし、実際の愛玩動物を触れ合わせるには、衛生面やアレルギー、長時間の接触による動物たちへのストレスなどの問題点も存在する。高齢者は免疫力が低下している場合が多く、感染症などの危険性も危惧される。

そこで、愛玩動物をロボット化することでこれらの問題点を克服したものが、コミュニケーションロボットの1つ、「セラピーロボット」である（図2-40）。

先駆的なセラピーロボットとしては、大和ハウス工業株式会社の「パロ」が有名である。

パロの外見は、モフモフの毛皮で出来たアザラシの可愛いぬいぐるみであるが、体内には多数のセンサとアクチュエータが内蔵されており、人工知能を組み合わせ、人間の呼びかけや動作に反応して本物の愛玩動物のような愛くるしい行動をとる。その姿には思わず癒され、まさにロボットセラピーの効果が期待できるのである。

パロはメンタルコミットロボットとも呼ばれ、「世界で最もセラピー効果があるロボット」としてギネスブックにも認定されている。実際にアメリカではその効果が認められ、食品医薬品局より医療機器として承認されており、介護福祉分野での導入が進んでいるという。

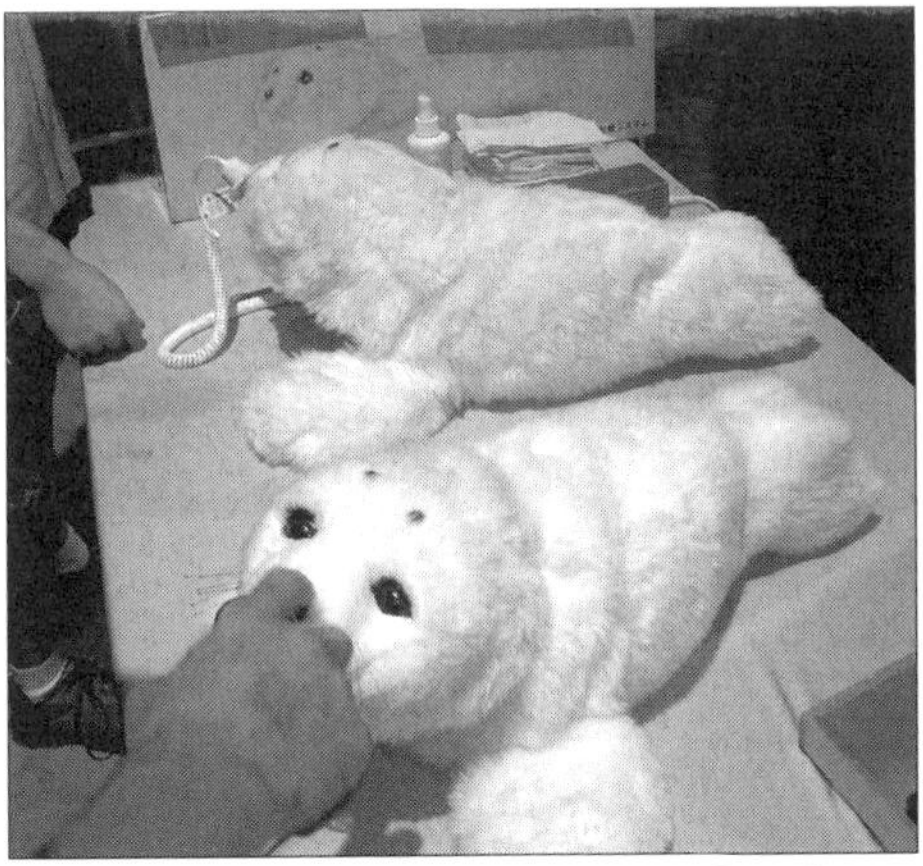

図2-40：メンタルコミットロボット「パロ」
（©Aaron Biggs）

このようなロボットセラピーを目的としたロボットはパロだけでなく、他社を含め様々な商品が開発されている。これらの中には単なるコミュニケーションロボットとしてだけでなく、被介護者と接しながら心拍などのバイタルデータ（生体情報）、部屋内での動作データなどを収集し、急病や事故の際の早期発見や認知症における徘徊の防止などの役割を担わせようとしているものもある。

次に、介護作業者を補助する介護ロボットについて説明しよう。介護で重要な作業に移乗動作がある。介護者が介護対象者を持ち上げて、例えばベッドから車イスなどに移す動作のことだ。その際、介護者の腰には大きな負担がかかり、腰を痛める可能性が大きい。そこで、介護者の動作を補助するために、P98～106で紹介したパワードスーツ型のウェアラブルロボットを介護者が装着することで介護者の負担を減少させることが試みられている。特に先述した株式会社イノフィスの「マッスルスーツ」は介護用ロボットとしても多くの利用実績がある。

高齢者や被介護者が使用するウェアラブルロボットの応用として、もう1つ紹介しよう。筋肉の弱った高齢者は、一度歩行が困難になると寝たきりになってしまう場合が多い。そこでウェアラブルロボットを歩行困難者が装着し、ロボットのサポートを受けながら歩行のリハビリを行なうロボットが開発されている。しかし、問題になるのはやはりコスト面による普及率の低さだ。多くのアクチュエータやセンサが内蔵され、コンピュータで高度にコントロールされたウェアラブルロボットでは、コストが跳ね上がり、リハビリ用として普及しづらいのである。

そこで、人間の歩行を二足歩行ロボットの「受動歩行」と呼ばれる歩行原理から解析し、機能を歩行支援やリハビリに限定することで、高価なアクチュエータやセンサ、バッテリ、コンピュータなどを廃し、無動力で歩行を補助する介護ロボットが存在する。それが、株式会社ナンブの歩行支援機アクシブ（ACSIVE）である（図2-41）。アクシブはバネと振り子の力が作用し、歩行時における脚の蹴り出しをサポートしてくれる。アクチュエータやバッテリなどがないため、シンプルかつ軽量（片脚で約550g）で充電も不要、そして装着も簡単で安価な製品となっている。

図2-41：歩行支援機アクシブ（ACSIVE）
（画像引用／株式会社ナンブ）

次に食事支援ロボットについて紹介しよう。何らかの事情により食事の介助を必要とする場合、一般に介護者が被介護者にスプーンなどで食事を口まで運び、食べさせる。

ここで問題が生じる。やはり食事というのは、作業的ではなく自分が好きなものを好きなペースで食べたいものである。しかし、先述した介護の場合には、介護者のペースで食べ物が口に運ばれ、自分の好きなように食事が出来ない。

そこで、身体の一部を動かすことのできる被介護者に対し、食事を支援してくれるロボットが食事支援ロボットである。この食事支援ロボットは既に10年以上前から商品化されており、特に有名なものがセコム株式会社の「マイスプーン」である（図2-42）。「セコムしてますか？」のあのセコムである。

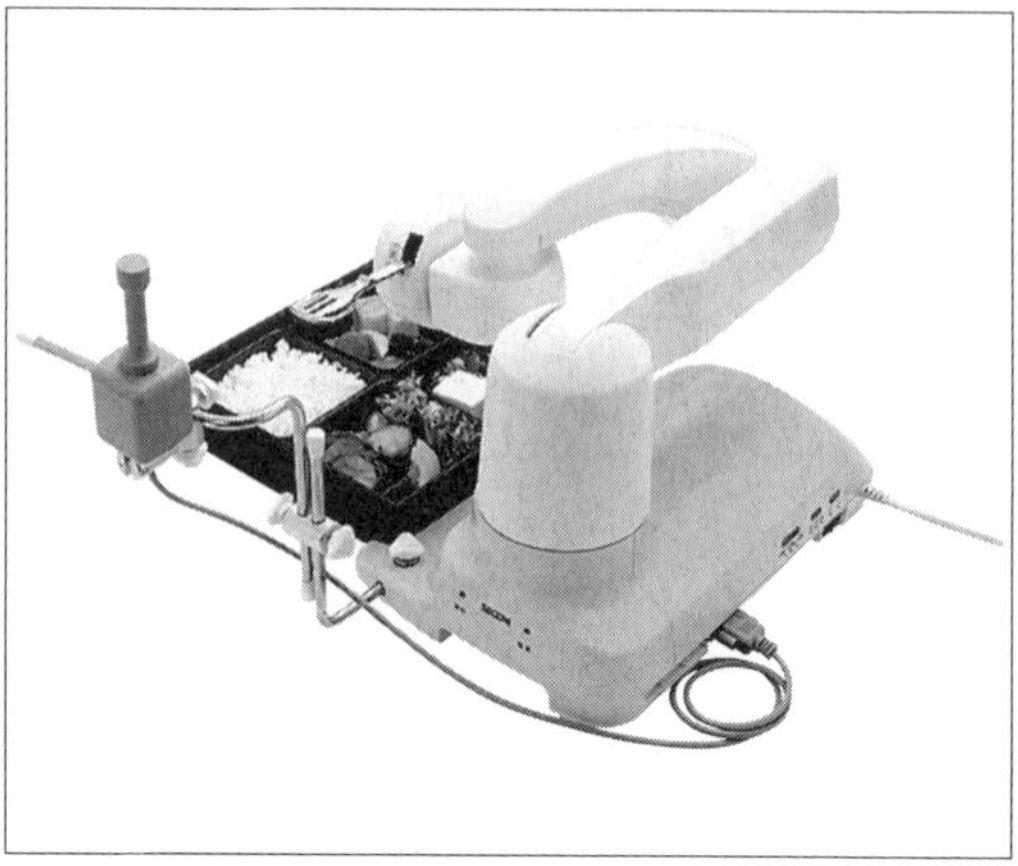

図2-42：セコム株式会社の食事支援ロボット「マイスプーン」（画像引用／パラマウントベッド株式会社）

マイスプーンはロボットアームの先端にスプーンとフォークが取り付けられ、腕が不自由な方でも、身体の動かせる部位を利用してジョイスティックやボタンを操作することで、食事トレイの中の食べ物を自分自身で選び、アームが食べ物を掴み、それを口元まで運んでくれる。このロボットを利用することで、食事の介助なしで自ら食事が可能となるのである。

現在はジョイスティックやボタンによる物理的操作をする食事支援であるが、今後は画像処理や人工知能などの技術を利用し、会話や目線移動による操作を可能にした商品が登場するのもそう遠くないと思われる。

第3章

ロボット技術の最前線
——ヒューマノイドロボットの現在

ヒューマノイドロボットの活躍

ロボットの花形と言えば、人間型ロボット、つまりヒューマノイドロボットであろう。ヒューマノイドロボットは１９６０年頃から様々な研究機関で研究され始め、徐々に進化し、そして、２０００年の本田技研によるアシモで一気に花開いたといっても過言ではない。

現在では身近なネット動画や様々な場所で当たり前のようにヒューマノイドロボットを目にすることが出来るが、これまでの道のりは決して簡単なものではなかったのである。

読者の方の中には、「現在の最新の技術ならば、ヒューマノイドロボットが人間に取って代わることが出来るのか？」と不安視する人もいるだろう。しかし、結論から言えば、幸か不幸かそうではない。確かに人工知能の発達で画像処理、画像認識、物体認識、音声認識などの処理は格段に進歩した。だが、ヒューマノイドロボットはそれだけでは滑らかに動かすことが出来ない。したがって、現状で出来ることはかなり限定されている。

しかし、技術者は手をこまねいているわけではない。より人間らしいヒューマノイドの開発は各国の研究機関で盛んに行なわれている。特に日本では、少子高齢化社会で生産年齢人口の減少が進む中、その問題への国家的対応が急務となっている。

労働者不足に対し、今まで以上にロボットによる社会進出が必要とされている。経済産業省が提唱する「ロボット新戦略」（2015年）ではロボットによる新たな産業革命（ロボット革命）の実現を目指し、製造、医療・介護、農業・建設などの幅広い分野で、人手不足の解消、過重な労働からの解放、生産性の向上などの社会課題を解決することを目的としている。

日本のヒューマノイドロボットの研究所として有名なのが、国立研究開発法人産業技術総合研究所（通称：産総研）である。産総研で有名なヒューマノイドロボットにHRPシリーズ（Humanoid Robotics Project の略）があるが、2000年初頭からプロジェクトが始まっており長期間にわたって研究されている。HRPシリーズのヒューマノイドロボットの研究は、実際には産総研だけでなく、産総研と日本の大手ハイテク企業などが協力して行っているプロジェクトである。まさに日の丸ヒューマノイドロボットなのだ。

読者の方も、次のページに掲載した画像のヒューマノイドロボットを見たことがあるのではないだろうか。1番左の写真のHRP‐2は、外見を「機動警察パトレイバー」で有名なメカニックデザイナー・出渕《いづぶち》 裕《ゆたか》 氏がデザインしたことでも当時話題になった。見る者に与

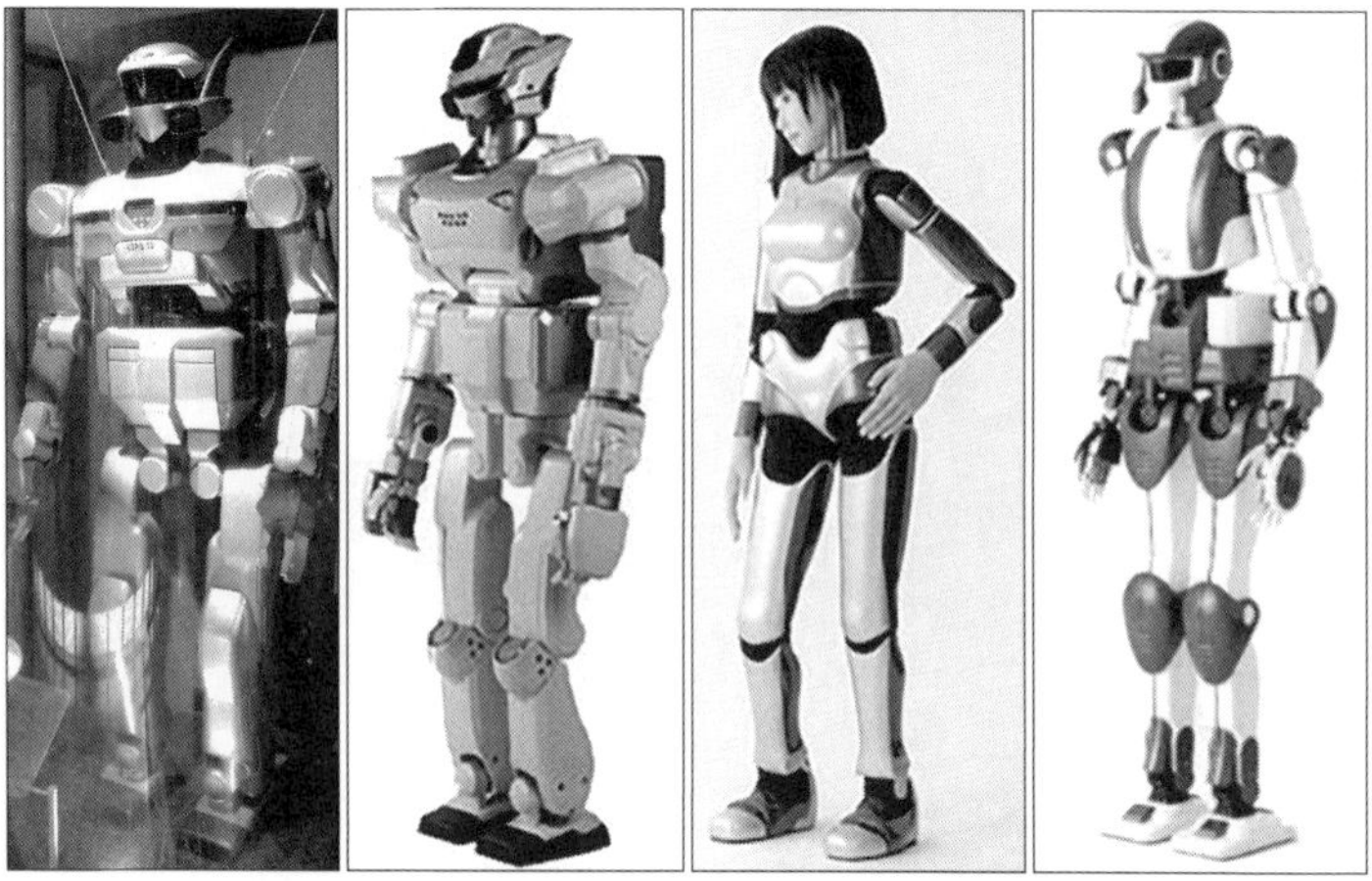

図3-1：左からHRP-2（©Morio）、HRP-3、HRP-4C、HRP-4（右３枚とも画像引用／国立研究開発法人産業技術総合研究所）

える心理的影響までも考慮して設計されたように感じてしまうロボットである。そして、左から2枚目の写真がＨＲＰ‐３で、左から３枚目の写真はそれを発展させたＨＲＰ‐４Ｃである。ＨＲＰ‐４Ｃは女性の外見をしており、身長１５８ｃｍ、体重43ｋｇと日本人女性の平均体型を参考にしている。ＨＲＰ‐３で少し悪人面になって反省したのか、ＨＲＰ‐４Ｃは可愛らしい外見をしているのが特徴である。しかし、次に発表されたＨＲＰ‐４では様々な事情があるのだろうが、何だか貧弱なイメージになってしまった感はある（念のために言っておくと、女性型のＨＲＰ‐４Ｃが先に発表され、その後にＨＲＰ‐４が発表された）。

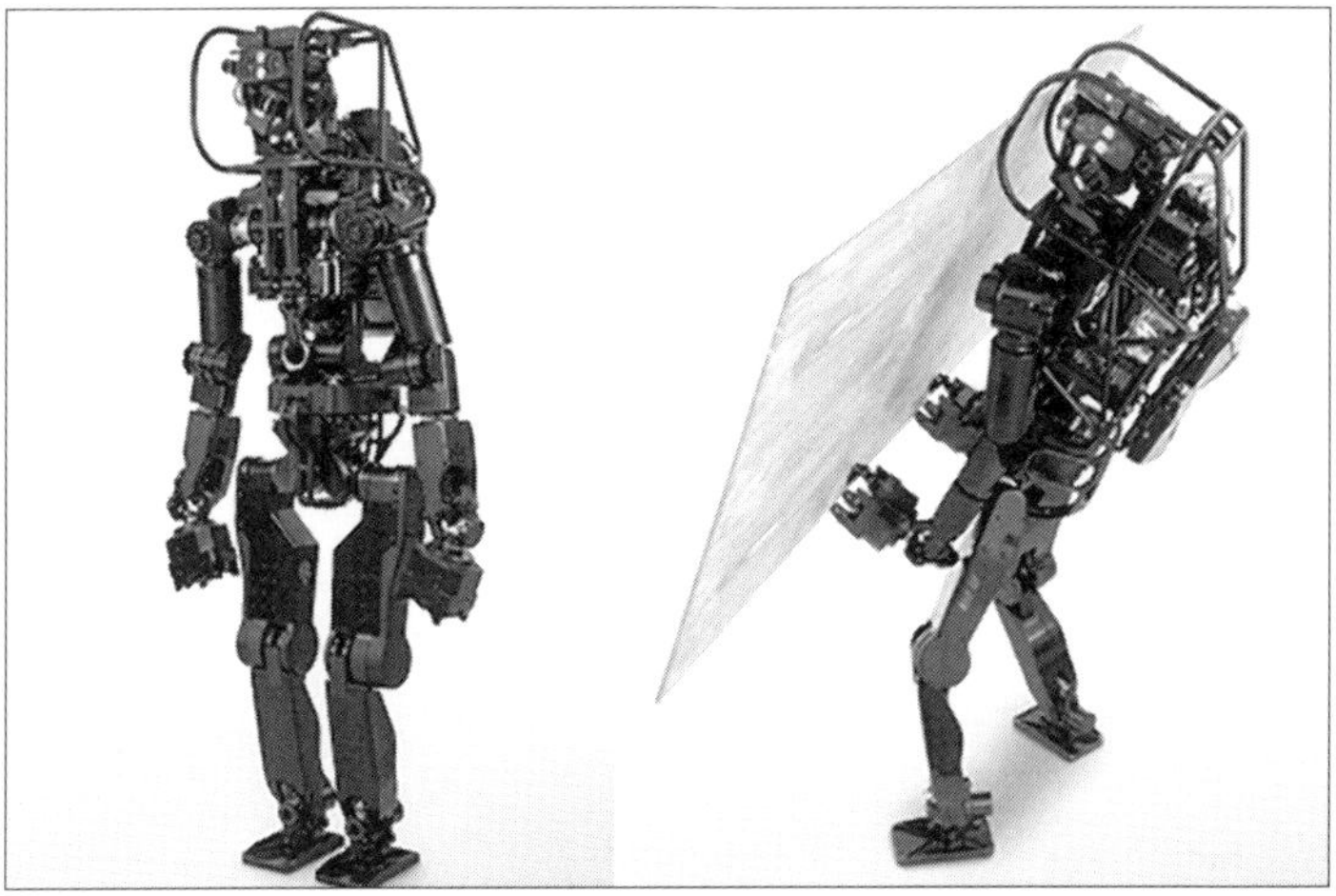

図3-2：HRP-5Pの外観（左）と約13kgのパネル搬送（右）
（画像引用／国立研究開発法人産業技術総合研究所）

そんな日本を代表するヒューマノイドロボット・HRPシリーズだが、執筆時点（2019年7月）での最新型がHRP-5Pである。身長は180cm、体重が101kgあり、女性型のHRP-4CやHRP-4に比べ、見た目もずいぶん無骨な感じがする。公開されたデモではこれまで以上に関節数が増え、人間により近い動きを実現している。

HRP-5Pは昨今の人手不足の解消をかなり意識しており、従来のロボットでは作業が困難で人間しかできなかったような重労働をロボットに代用させるべく開発された。特にHRP-5Pでは建築現場で人間が行う重労働作業をアシストし、人間の負担を減らすことを目的としている。

頭部には複数のハイテクセンサを搭載しており、センサから得られた周囲のデータを人工知能で環境認識、物体認識を行い、それに基づいて動作計画を立て、実行する。高感度センサと人工知能により、周囲が暗い状況でも動作が可能となっているようだ。

ＨＲＰ‐５Ｐの２０１８年のデモでは、建築現場の代表的な重労働の作業として、石膏ボードの施工作業を行っている。デモ作業では積み上げられた石膏ボードから1枚を取りだし、持ち上げ、壁面に押し付け、ネイルガン（大きなホッチキスのようなもの）で石膏ボードを固定する作業を行っている。通常、建築現場での一般的な石膏ボードは1枚で10～30ｋｇ程度あり、熟練した作業者でもこれを数多く運搬・取付け作業すると身体に大きな負担がかかり、腰を痛める可能性が高くなる。少子高齢化においてこのような作業をロボットが補佐することは今後、非常に意味があるだろう。

ＨＲＰ‐５Ｐはまだ研究段階であり、今すぐに実用化・商品化することは無理である。しかし、将来的には、複数のロボットが図面データに従って、協調しながら建築作業を行うことが現実となるであろう。これは決して建築現場だけでなく、工場などの現在人間が手作業で行っている重労働などもロボットに置き換わっていくと思われる。

バク宙するヒューマノイドロボットとヒューマノイドロボットの現状

先ほど紹介した日の丸製ヒューマノイドロボットだが、実際に公開されている動画を見てもらえるとわかるとおり、ＨＲＰ‐５Ｐの実際の作業はまだまだぎこちなく、実際の人間の動作のような滑らかな動きが実現できていない。もちろん技術というのは少しずつ進化してくものであるから、問題点は一つ一つ改善されていくだろう。

ヒューマノイドロボットの開発は日本だけが行なっているわけではなく、世界各国で行なわれている。特に有名なものはアメリカのボストン・ダイナミクス社のロボットであろう。ボストン・ダイナミクス社を一躍有名にしたのは、Ｐ60、61で紹介した四足歩行ロボット・ビッグドッグである。このビッグドッグは米国防高等研究計画局（ＤＡＲＰＡ）による資金提供を受け、不整地において歩兵と随伴して物資を輸送する目的で開発された軍事用ロボットである。起伏の激しい不整地をものともしない、滑らかで力強い歩行は動画サイトにアップされるとたちまちセンセーションを巻き起こした。

しかし、それだけでは終わらなかった。その後、ボストン・ダイナミクス社は「アトラス」と呼ばれるヒューマノイドロボットを発表した。このアトラスがまた凄い。実際の体操選手

図3-3：アトラス
（画像引用／ボストン・ダイナミクス社の動画より）

のように、バク宙をし、丸太を飛び越え、異なる3段の段差をスムーズに駆け上がるその姿は、もはや新世代のヒューマノイドロボットと言うべき存在である（図3-3）。

このように多くのヒューマノイドロボットが開発され、我々はネットなどで気軽にその動画を見ることが出来る。しかし、様々な環境に対し、本当のところ、どの程度の適応性があるのかを動画で判断するのは難しい部分もある。

と言うのも動画だと、失敗した箇所は編集でカットされている場合もあるし、そもそも動画中のロボットの作業目的はかなり限定されている場合が多い。極端に言えば、「走ることは出来てもゆっくり歩けない」と言ったことも起こり得る（あくまでも例えであるが）。ところが、細切れの作業動画を編集でうまくつなげると、視聴者はヒューマノイドロボットが何でも出来ると勘違いしてしまう。

そこで、近年では実際のヒューマノイドロボットの性能を公平に協議するためにイベントが行なわれている。有名なものでは、先ほどのアメリカ国防総省の機関・米国防高等研究計画局（DARPA）が主催する「DARPAロボティクス・チャレンジ」がある。このロボット競技会は福島第一原発事故をきっかけに、災害時における過酷な状況下でもヒューマノイドロボットが実際に活躍できることを目指している（P89を参照のこと）。災害現場を想定した階段の移動や車両の運転、バルブの操作など8つの課題を競い合い、優勝チームには賞金200万ドル（約2億円）が贈られる。2015年の大会では韓国チームが優勝した。そのときの動画がネット上にあるので見てもらえれば分かるが、まだまだ人間の動作にはほど遠く、良くも悪くも現時点での世界の最先端のヒューマノイドロボット達の「出来ること」と「出来ないこと」を如実に表している。これを見るかぎりヒューマノイドロボットが社会進出しシンギュラリティを迎えるには、もう少し時間がかかりそうである。

ロボットは目的を限定した方が使いやすい

ヒューマノイドロボットの技術は着々と進歩しており、今後は様々な場所にヒューマノイドロボットが徐々に普及していくと考えられるが、現時点では一般の人が思うほどヒューマノイドロボットは万能ではない。シンギュラリティを迎えるといわれる２０４５年頃はどうか分からないが、少なくとも10年後くらいでは、一般の家庭にヒューマノイドロボットが普及して、人間のお手伝いさんのように1台のヒューマノイドロボットで家事などを行うのはおそらく無理であろう。

しかし、反対に言えば、作業や目的を限定すれば第2章で説明してきたようにロボットはかなり使えるものになる。

すでに実用化されている例を挙げると、ネット通販の大手Amazonの国内における一部の倉庫では、最新の商品管理システム「Amazon Robotics（アマゾンロボティクス）」を採用している。このシステムでは、倉庫の中に商品を運搬する自走式ホイールロボットが多数存在する。ただし、この搬送ロボットの外観はヒューマノイドロボットとは異なり、家庭用掃除機ロボット・ルンバに似た外見をしている。運搬ロボットは倉庫内の自分の位置を把握し、倉庫内を行き交い、発送に必要な商品を集荷スタッフの所まで持ってきてくれる（棚出し作業）。スタッフは対象の商品を取り出し、梱包作業に送り出す。また、同様に逆の作業である「入荷した商品を保管する棚入れ作業」も行なう。これまではこの作業を全て人間が行なっていたため非常に重労働であったが、ロボット化することでかなりの効率化を図ることが出来ている。

これは「ロボットが出来る作業（もしくは得意な作業）」と「ロボットが出来ない作業（もしくは不得意な作業）」に分け、ロボットと人間が作業分担し、共同で活動することで作業の効率化を図っていると考えられる。

このように作業の専門性を特化し、その作業を専門に行うロボットならばある程度、今のロボット技術でも可能なものが多い。例えば、掃除を考えてみよう。部屋の掃除を行うために、多くの家庭では電気掃除機を使うだろう。昔はホウキとチリトリなどを用いて掃除をしていたが、電気掃除機では電気のパワーでゴミを吸引し、効率的に掃除を行うことが可能となった。しかし、それでも、電気掃除機の場合には掃除自体の行為は人間が行わなければならない。高齢者の家庭や、部屋の数が多く部屋が広い家庭、さらには共働きの家庭などを筆頭に、他の誰かに掃除をしてもらいたいと思う人もいるのは容易に想像できる。もちろん、お手伝いさんなどを雇えばいいが、コストの問題や他人を自分の家に入れるのに抵抗を持つ人もいる。

そこで、ロボットが人間の代わりに掃除してくれれば良い。しかし、ヒューマノイドロボットにホウキやチリトリ、あるいは電気掃除機を持たして掃除をさせるには、技術的な課題が多い。したがって、ルンバのように「床のゴミや埃を除去する」というかなり作業を限定したロボットを開発すれば、作業が掃除に特化しているが低コスト化を図ることができ、普及させることが可能になるのである。このように、ヒューマノイドロボットに関しても、全て完璧に人間の動作を実現できるロボットよりも、まずは対象作業を限定し、それに特化したヒューマノイドロボットが社会進出していくだろう。

マネキン・ヒューマノイドロボット

対象作業を特化した一例として、マネキンロボットを紹介しよう。マネキンとは、あの服を着せて展示させる人形のマネキンである。通常、マネキンは標準的な体格のものが準備されていることが多い。しかし、服のサイズによっては大きい体格のものや逆に小さな体格のものに変更する必要がある。基本的には一度製作したマネキンのサイズは変更できないので、標準サイズ以外の服を展示する場合には、複数の体格のマネキンを準備し、その中から服のサイズにあったマネキンを選定しなくてはならない。

そこで、香港理工大学の研究者たちはロボット技術を応用して、ヒューマノイドロボットのボディ表面を分割し、分割したパーツをアクチュエータと組合わせてボディの表面の位置を変化させ、見かけの体格を変化できるマネキンロボットを開発した（図３-４）。スリーサイズや身長、腕の長さなどの必要とする体格データをコンピュータに入力すれば、コンピュータ制御によってアクチュエータが駆動しその体格に変形してくれる。つまり、このマネキンが一台あれば、多くのサイズの服を展示することが可能となるのだ。省スペース化に非常に有効で、まさにアイデアの勝利といった感じがある。このように目的を限定することで一気にロボットの実用化が加速されるものがある。

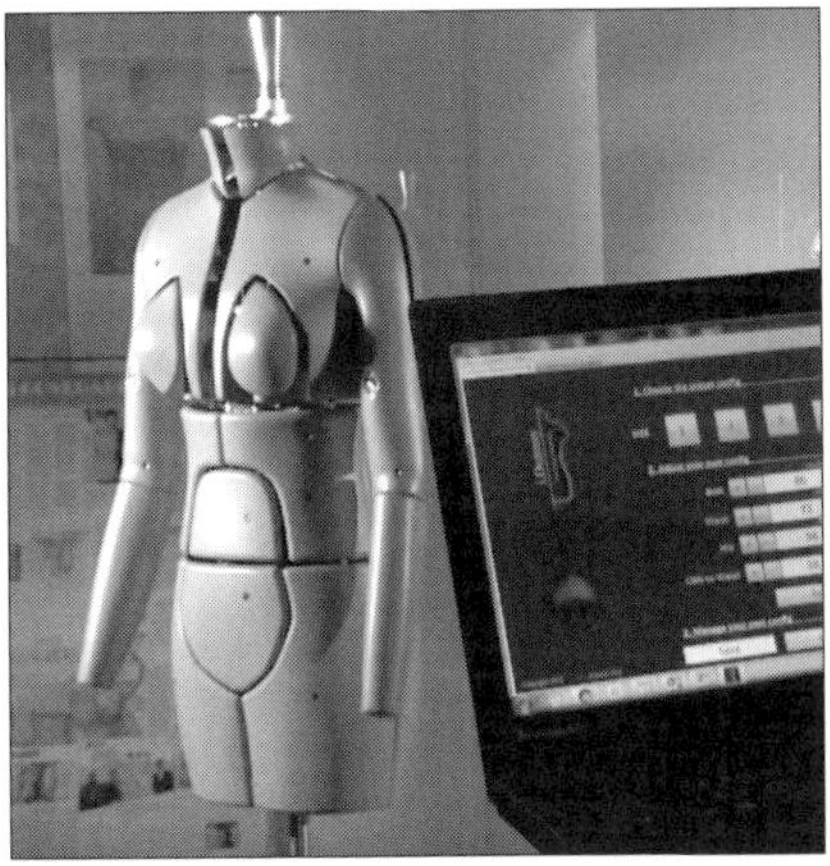

図3-4：サイズ変更可能なマネキンロボット
（画像引用／Brand Hong Kongの動画より）

乗り物を運転するヒューマノイドロボット

近年の注目すべき技術革新として、自動車の自動運転がある。自動運転の基本技術は1990年頃から盛んに研究されたが、最近の人工知能による画像処理やGPS、地図情報などの技術革新により、2010年以降、一気に実用化に向け花開いた。

現在の自動運転における主な目的は、歩行者や障害物を感知して自動でブレーキを作動させることや、車線位置を保ちながら特定の速度で走行する技術といった運転者をサポートする技術が中心であるが、近い将来、目的地を入力したら完全に自動運転で目的地まで行ってくれる無人タクシーのような自動車が実用化するだろう。

このような自動運転技術は、昨今は特に少子化による労働人口の減少などから、流通業界などでは非常に期待されている。特に、土木・建築、また物流のための大型トラックや、ユンボやブルドーザなどの重機などはドライバー不足が顕著であり、これらの乗り物の自動運転化が強く望まれている。例えば土木分野では、山間で土砂をトラックに積み、それを指定された作業現場まで自動で運搬してくるような自動運転をイメージしてもらえるとわかりやすいだろう。

将来的には、大型車や土木・建築用の乗り物にも高度な自動運転が装備される可能性は高いが、普及の初期段階ではかなり高額となってしまうことが予想される。そうなると、既に現場で稼働している大型車や重機の多くを一度に自動運転を搭載された新車に買い換えるのは経済的に困難である。

図3-5：東大のヒューマノイドロボット「ムサシ」による自律的な自動運転実験（画像引用／朝日新聞社動画より）

そこで、いっそのことヒューマノイドロボットにこれらの乗り物を自動運転する技術を搭載させ、そのヒューマノイドロボットが運転手として自動運転を搭載していない乗り物のハンドルを握ればいいというアイデアがある（図3-5）。ヒューマノイドロボットが人工知能を通じて運転技術を学習して、乗用車や大型車から特殊な重機までオールラウンドに運転できるようにすれば、1台のヒューマノイドロボットで必要に応じて、複数の種類の乗り物を運転できる。

ところが、ここでも先ほどのお掃除ロボットと

図3-6：バイク運転に特化されたヤマハ発動機の人間型自律ライディングロボット「MOTOBOT」（画像引用／YAMAHA）

同様の問題が生じる。つまり、万能なヒューマノイドロボットを開発するには非常に時間とコストがかかり、技術的にも困難な点が多い。しかし、乗り物の運転では運転席に座っているだけで歩行は必要ない。ハンドルの回転動作やアクセル、ブレーキなどは、複雑な二足歩行動作などに比べれば、それ自体はそれほど難しい動作ではない。そこで見方を変えて、ヒューマノイドロボットでありながら、運転技術に不必要な複雑な二足歩行機能やその他の機能を排除し、乗り物の運転のみに特化した安価なヒューマノイドロボットの開発が行なわれている。このヒューマノイドロボットならば大胆なコストカットにより安価な生産が容易であり、普及が見込まれる。対象となる自動車や重機の全てに自動運転が搭載されるまでのとりあえずの「繋ぎ」としては十分である。同様のコンセプトは、二輪車のテストライダーにおける報告もある（図3-6）。

マッサージチェアは「特化型ヒューマノイドロボット」？

特定作業に特化したヒューマノイドロボット類似の話として、マッサージチェアの話もしておこう。マッサージチェアとはよく大型の家電量販店や温泉施設などに設置されている、椅子型のマッサージ機のことである。温泉施設などでは10分数百円で、もしくは家電量販店では15分程度なら無料体験として電動マッサージをうけることができる。機器の価格も廉価機の10万円程度のものからハイエンド機の50万円以上のものまで様々であるが、一般的に機能は値段に比例する傾向にある。最上位機種ともなると、首、肩、腰はもちろん、腕や脚、足裏まで全自動でマッサージしてくれる。

筆者も肩や腰が凝り性なので、定期的にマッサージ師の方にマッサージしてもらうことが多い。その場合には、1時間３０００～６０００円程度の価格帯が多く、価格的な視点から考えると、50万円程度のマッサージチェアを購入して全身マッサージした方が、長い目で見れば経済的かもしれない（もちろんマッサージ効果は機械より人間の方が高い）。

実はマッサージチェアのハイエンド機には、ロボットアームが搭載されている。ざっくり言えば、２本のロボットアームを用いてマッサージをするのである。ただし、このロボットアームはヒューマノイドロボットのような人間の腕のような形をしていない。マッサージチェアの内部に収まり、マッサージのみに特化した特別なロボットアームである。現在、このマッサージチェア用のロボットアームは相当に高い技術を持っており、人間の肩などのコリ具合を計測し、筋肉の硬さをトータル的に判断し、揉む強さを調節する。これも、作業をマッサージに特化してヒューマノイドロボットの不要な機能を廃止することで、安価で高度なマッサージを可能にしたと考えることができる。

接客業から見たヒューマノイドロボットと人間との関わり

これまで説明してきたように、必ずしもロボットが人間型（ヒューマノイド）をする必要はなく、機能が限定されたロボットの方が、安価に、それに特化した高性能のロボットが出来る。一方で、確かに人間型ロボットには人間型ロボットの利点はある。特に人間とインタラクティブにコミュニケーションをとるような作業では、心理的に人間型ロボットの方が良い場合も多い。そこで、複雑な動作をあまり必要としない接客などの作業をヒューマノイドロボットに行わせる考えもある。

人間型接客ロボットと言えば、2014年に発表されたソフトバンクロボティクス社のパーソナルロボット・ペッパー（Pepper）がその代表であろう。ペッパーは足を持たないために二足歩行が出来ず、ホイールでの移動である。しかし、人工知能を搭載し、2つの腕と顔を利用した豊かな感情表現と、胸に搭載されたタッチパネルによるインタラクティブな情報収集能力などが特徴である。しかも、ペッパーは一般販売価格が20万円程度、レンタルしても保守契約込みで月々数万円程度のリーズナブルな価格設定のため、レストランなどのサービス業で案内ロボットとして爆発的に普及した。ロボットで出来る作業をかなり絞り込み、ある意味で接客ロボットとして最高のコストパフォーマンスを持っていたペッパーではあるが、ロボットビジネスとしては非常に気になる結果となっている。

発売当初には多くの接客業者から多くのレンタル契約をとることが出来た。しかし、3年後のレンタル契約が更新されるときには、契約更新を予定しているのはわずか15%にとどまるというものだった。つまり、約8割が契約更新しないのである。確かにペッパーが登場した当時は目新しさもあり、ペッパーが店先にいるだけで宣伝効果が高かった。しかし、数年も経過すると目新しさはなくなる。結局、集客・接客効果はそれほど上がらず、故障やメンテナンスで他の店員の仕事を増やし、費用対効果が悪いと判断されたのである。

図3-7：変なホテルの受付カウンター（©Kanesue）

これと似た状況が「変なホテル」でも見られる。変なホテルとは、ＨＩＳグループが経営するホテルであり、２０１５年に長崎・ハウステンボス内に1号店をオープンしたのち、全国展開している。ちなみに「変な」の意味は「奇妙な」という意味ではなく、「変わり続けることを約束する」ことらしい。その「変なホテル」であるが、その最大の特徴はフロントや荷物運びなどの接客業務のほとんどをロボットが行っていた点である（図３-７）。ロボットは人間型から卓上型まで様々な種類があり、従業員は最低限の配置にして人件費を抑えることで低価格化が実現しているという。

一時はニュースにもなり、世間を賑わせたこの変なホテル。実は２０１８年にはハウステンボスにある1号店のまさに目玉商品でもあったロボットの数が減っており、ロボットからの脱却を図っているという。導入した音声認識ロボットの精度が悪かったため、結局のところ人間の従業員スタッフが呼び出されて対応せざるを得ない場合が多く、故障・メンテナンスの関係から人間の従業員の作業時間を割かれたようだ。ロボットを導入した当初は物珍しさもあり、上記の欠点を克服するだけの宣伝効果があったが、導入後はロボット自体がそれほど珍しくなくなってきており、費用対効果が見込めなくなったからであろう。

個人的には、夢も希望もないかもしれないが、コスト削減を目的にするならば多くの回転寿司や一部の居酒屋チェーン店でやっているように、接客のインターフェースを全てタッチパネル経由で行う方式や無人会計化などを駆使したり、寿司ロボットや白飯よそいロボットのような専用のロボットを組み合わせて人件費を減らしていくのが最も確実で効果的な方法であると思うが、どうであろうか。

しかし、人間は単純な効率化だけを求めているわけではなく、一見効率的には見えなくとも、精神的な面を重要視する部分も存在する。だから、ロボットの外見が人間型をしているのも重要かもしれない。中国では深刻な嫁不足に対し、結婚できない男性のために人工知能を搭載した「嫁ロボット」が発表されている。容姿端麗で、皮膚の質感や体温は人間と同じ。さらに雑談を交わし、家事をこなすという。少し変化球ではあるが、これもある意味で接客ロボットに近い。日本でもボーカロイドキャラクターの初音ミクと本気で結婚式を挙げた男

図3-8：世界初のアンドロイド観音像「マインダー」
（画像提供／毎日新聞社）

性が話題になったが、ロボットの方が物理的な実体が伴っている分、少々なまめかしい。まるで1990年代に週刊少年マガジンで連載されていた人気漫画『A・Iが止まらない！』（赤松健）ではないか。

また、日本でも京都市の高台寺では世界初のロボットの仏像「マインダー」が完成したそうで、僧侶らが開眼法要を行い、説法を説くという（図3-8）。ある意味で究極の接客ロボットかもしれない。もはや宗教界にもロボット化の波は押し寄せているのである。

今後は、人間の精神的部分と接客用ヒューマノイドロボットがどのように共存していくのかは大いに気になる点である。

第４章

ロボットが人間を襲う可能性はあるか？

自己生産するロボット

生物とロボットの違いは何か？　と問われれば、その多くの人が「生物は自分のコピー（子孫）を残すことが出来るが、ロボットにはそれが出来ない」と答えるかもしれない。生物は生殖行為などにより、自分たちのコピーを作ってきた。そして進化することで、周囲の環境に適応して生存してきた。いや、適応したものだけが生き残ったと言っていいかもしれない。この「生殖（子孫を残すこと）」と「進化」は本当にロボットでは無理なのだろうか？

実は、限定的ではあるが現時点でも生殖と進化に近い行為を行っているロボットも存在する。例えば、世界的に超有名な日本のある産業用ロボットメーカーの話である。仮にA社としよう。A社は自然豊かな土地に工場を持つ。その会社の技術は世界的に非常に高く、技術流出を防ぐために、工場の周りはまるで自然の要塞と化している。自然豊かな土地ゆえの荒技とも言える。その要塞の中に産業用ロボットを作る工場が存在しており、この工場の地下にはまさにトップシークレットの場所があるという。その場所は企業秘密ということで、部外者は立ち入りできず、地下施設であるため工場外部から望遠の撮影などもできない。

では、そこで何が行われているかというと、産業用ロボットがひたすらに自分自身のコピーである産業用ロボットを組み立てている工場エリアだという。そのエリアの中には人間は一切おらず、産業用ロボットを製作する工程全てを、他の産業用ロボットで行っている。ロボットだけが稼働しており、作業者（人間）が一人もいないので通常は照明が灯されておらず、内部は真っ暗。メンテナンスなどで人間が立ち入ることがあるために、照明そのものは存在し、スイッチを付ければ明るくなるが、産業用ロボットが組立作業を行う上では、明かりは必要ない。その光景を目撃した人物が言うには、真っ暗の中で「ウィーン　ウィーン」とモータの音だけを発し、ロボットが、自分自身のコピーである産業用ロボットを作り続けている……。以上の話は、私は直接見たわけではなく聞いた話であるが、その光景はなんともシュールであり、感動的であり、複雑な心境だったという。

実際には産業用ロボットの全てのパーツをその場で一から製作している訳ではなく、パーツの多くは別の工場で製作され、その過程には多くの人間が携わっている。さらにパーツの運搬なども人間の手で行われている。したがって、この例ではロボットが自分自身のコピーを完全に作っているとは言えない。しかし、不完全ではあるが生殖に似た行為を行なっていると考えることが出来る。ロボット技術がより発達すれば、もっと完成度の高い形でロボットが自分自身のコピーを作って、生殖に似たコピー行為を行っていくと思われる。将来的には、ヒューマノイドロボットの工場では、作業用ヒューマノイドロボットが一生懸命に働いて、自分たちのコピーを作っていくことも可能となるであろう。

次にロボットの「進化」について考えよう。すでにP42で説明した汎用人工知能も「進化」と考えることが出来る。ただし、それはソフトウェアの部分に限られる。ソフトウェアは生物で例えるならば脳に相当する部分なので、そのソフトウェアが進化すれば、たしかに今まで以上に多くの事が出来るようになる。しかし、生物にとって進化とは脳だけでなく、身体そのものの構造も重要な要素である。

構造の進化という点では、モジュールタイプのロボットが有名である。モジュールとは同じ（もしくは似たような）部品の塊を複数用意しておき、そのモジュールを組み合わせることで、1つのシステムを構築するものである。

一例を紹介しよう。図4-1は産総研で開発されたモジュール型ロボットである。これは1つの関節を持つブロックを複数組み合わせることで、ヘビ型ロボットや四足歩行ロボットへ構造を変えることが出来る。もちろん人間が外部からモジュールを組み換えて構造を変えることが出来るが、このロボットは人の手を借りずとも、自分自身の動作によってモジュールを着脱して形状を変形させることが可能なのである。つまり、このモジュールロボットは周囲の環境や目的によって、モジュールを着脱することで自己組立を行なうことが出来る。まさに、形状を進化させる事が出来るロボットなのである。

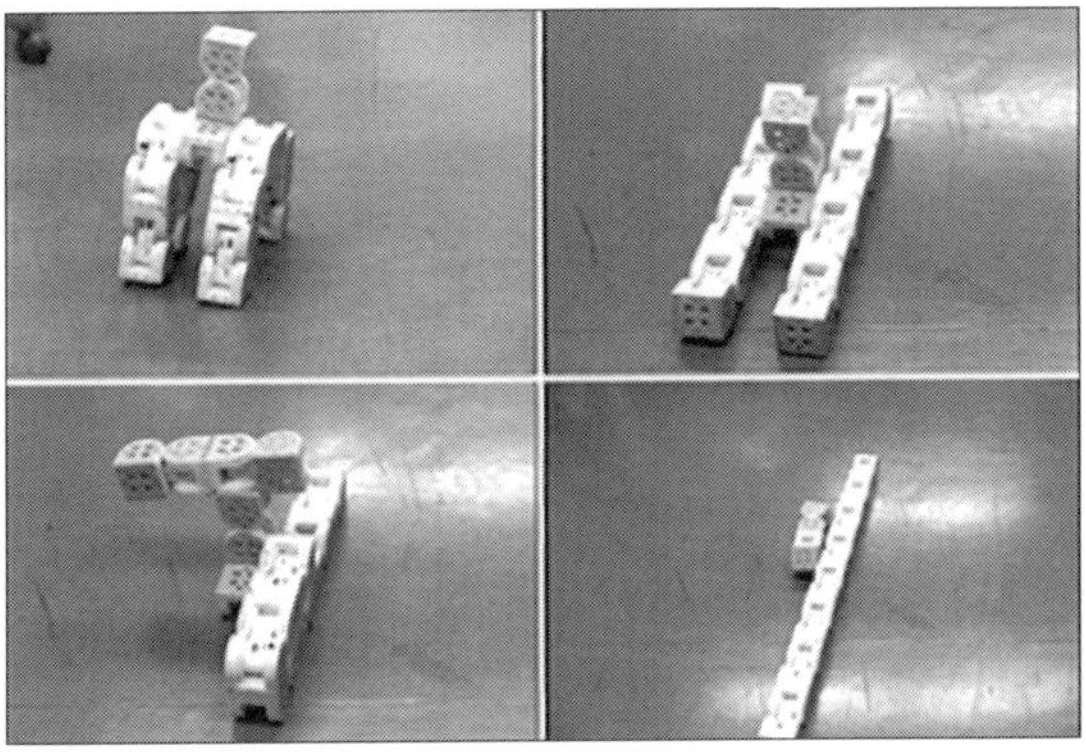
図4-1：変形動作実験。四足歩行（左上）→二重いもむし（右上）→変形（左下）→いもむし（へび）移動（右下）
（画像引用／国立研究開発法人産業技術総合研究所）

また、モジュール化していることで、例えば特定のモジュールが故障した場合にも、新しいモジュールがあればそれを故障したものと置き換え、自己修復が可能なのである。このロボットは人工知能（遺伝的アルゴリズム）を用いた動作パターン自動生成プログラムによってパターンを作成している。

このようなモジュール化を行なうロボットは、極めて小型化され、高度な動作が実現するように開発されれば、自己進化、自己修復などが可能となるロボットが実用化される可能性は十分あるのである。

ロボットは万能か？

ロボットの特徴に関してよく耳にするのが、「人間よりタフ」「人間より力持ち」「人間より正確」などである。なるほど、産業用ロボットなど確かに工場で人間の代わりに働き続ける彼ら（？）を見ると、そのような意見も頷ける。そして、同様に耳にするのが「故障知らず」「永遠の命を持つ」などである。

筆者の世代では「故障知らず」「永遠の命」などと言うと、『銀河鉄道999』に出てくる機械の身体をもつ機械人間を思い出す。銀河鉄道999を知らない若い世代にも簡単に説明しておくと、主人公・鉄郎が永遠の命をもつ機械の身体を手に入れるために、謎の美女・メーテルと宇宙を旅するというサイエンスフィクションである。

しかし、現実世界のロボットとは本当に「永遠の命」を持つのであろうか？　これに関しては、いささか疑問を感じるのだ。

一般にロボットの身体は機械で出来ている。金属であったり、樹脂であったり、様々な機械材料から構成される。また、その中身のコンピュータ回路などはＩＣやコンデンサ、抵抗などの電気パーツで出来ており、これらも金属や樹脂などから出来ている。

しかし、機械材料・電気材料は必ず経年劣化が生じる。例えば、鉄筋コンクリートを用いたマンションが分かりやすいだろう。鉄筋コンクリート製のマンションは作った時は非常に丈夫だが、風雨にさらされて経年劣化が生じるため、その耐用年数は50年程度である。他にも自動車を考えてみよう。自動車は単に風雨にさらされるだけでなく、エンジンやモータを駆動させるため、部品の運動が伴う。この際、機械と機械が擦れ合う部分（摺動部）が必ず存在し、自動車で言えば回転軸を支えるベアリングなどの軸受けがそれに相当する。このような摺動部はベアリングだけでなく、当然ギアやクラッチなども摩耗が発生し、摩耗した機械部品は本来の性能を発揮できなくなる。経年劣化には単に摩耗だけでなく、金属の錆など様々な原因の劣化を含むが、いずれにせよ当然起こる現象だ。自動車の場合には、定期的な車検などのメンテナンスにより部品を定期的に新品などに交換することで、安全な走行が可能なようにしている。したがって、このようなメンテナンスがなければ新車といえども数年で動かなくなる場合がある。

つまり、機械というのは消耗品なのである。それでも、その消耗するパーツに対し交換できるパーツがある場合には良い。しかし、機械だけでなく、電気回路の電気パーツなども経年劣化する。電気回路の場合には経年劣化による故障箇所が目に見えないので、故障箇所をピンポイントで見つけ出すのは結構難しい。電気回路を中心とした製品も概ね10年程度が動作保証期間と言われる。ネット社会の今日では多くの場所にルータなどのネットワーク機器があるが、それらも多くの場合、内部の電気回路等の経年劣化を想定して、10年程度で商品そのものをリプレイスしていくものだ。

ロボットの話に戻ろう。一昔前に人気を博したソニー社製の「ＡＩＢＯ（アイボ）」を覚えている方も多いだろう。ＡＩＢＯの価格は約10～20万円程度で、２０００年代初頭のヒット商品であった。その頃、ＡＩＢＯは「永遠の命を持ったペット」などのキャッチーなコピーで飾られていたものだ。確かに本物の犬・猫であればその寿命は10数年程度である。人間の寿命の方がそれよりも圧倒的に長いので、可愛がっていたペットに先立たれてしまう場合が多い。

そんな永遠の命を持つペットである（はずだった）ＡＩＢＯだったが、しかし、やはり機械商品である。内部ギアなどの摺動部は徐々に摩耗し、バッテリはへたっていく。そして、

1つ2つとAIBOは動かなくなっていった。さらにAIBOユーザーに衝撃が走ったのが、2005年にソニーがAIBO事業から撤退し、AIBOは生産終了するというニュースだった。一般商品の場合、生産修了後も7年くらいはメーカーが部品を供給してくれるため、その間は修理対応が出来る。ソニーの場合も2014年までAIBOの修理対応をした。しかし、問題はその後である。その修理対応がとうとう終わってしまったのである。こうなると故障したAIBOの修理は非常に困難となる。永遠の命のはずであったAIBOに、本当の死が訪れてしまうのだ。

図4-2：AIBOのお葬式
（画像提供／朝日新聞社）

この事態に対し、2015年に千葉県いすみ市大野の光福寺にて、AIBOの飼い主らによってAIBOの合同葬儀が数回にわたって執り行われた（図4-2）。そして、葬儀により供養されたAIBOの身体の一部は、他の故障したAIBOの修理のために利用されたという。まさにドナーだ。ちなみに、

2017年にソニーはAIBO事業に再参入している。

このAIBOの例でも分かるように、ロボットというのは決して永遠の命を持つわけではない。長く使うには定期的なメンテナンスは必要不可欠なのである。そして、このメンテナンスや修理をロボット自身が全て行なうのはまだ不可能であり、基本的には人間が行なうしかない。先述したように将来的にはパーツ自体を汎用化してモジュール化することで、メンテナンスを容易にし、故障した部分を丸ごと交換できるようにすれば、メンテナンスと修理が非常に簡単になる。そうなれば、人間不要でロボットが他のロボットをメンテナンスでき、永遠の命に近いロボットが出来る可能性はある。しかし、それはまだ未来の話である。

ロボットは人間を襲うのか？

さて、一般の人からの質問で「永遠の命」と同じくらいの頻度で聞かれる質問がある。それが、「『ターミネーター』や『大鉄人17』の敵ボス・ブレインのように、自我に目覚めたり暴走したり、あるいは自我に目覚めたホストコンピュータからの命令を受け、人類を敵とみなして人間を殺戮するようなロボットが登場するのか？」というものである。この質問の内容は、2つのパートに分割することが出来る。

①ロボットが暴走、あるいは自我に目覚めて、人間を襲う行為をしようとする

②人間を襲うことを目的として、ロボットが実際に殺戮をする

この2つは似ているようで、意味合いは全く異なる。順番が逆になるが、比較的説明が簡単な②から解説しよう。

結論から言えば、人間を殺傷することを目的としたロボットは既に開発され、実用化している。最たる例は軍事ロボットである。軍用ロボットは偵察などを行なう補助的な活躍を想定しているものもあるが、今や軍事ロボットはかなり高度化しており、直接敵を攻撃する攻

図4-3：軍事用ロボット「SWORDS」
遠隔操作で偵察・攻撃が可能である

撃型の軍用ロボットが多数存在する（図４-３）。

　Ｐ70ではロシアのＡＵＶ核魚雷「ポセイドン」を紹介したが、それ以外にも例えば、アメリカ軍ではＵＡＶ（Unmanned Aerial Vehicle、無人空中ロボット）が実戦に投入されており、中東などの紛争地帯でドローンを上空に飛行させ、敵組織のアジトや要人をミサイルによって攻撃し殺害している。その際、無人機はセミオートで飛行しており、操縦者は紛争地から遠く離れたアメリカ国内などの基地の中からネットワークを通じて送られてくる画像を見てドローンを遠隔操縦し、安全な場所からミサイルの発射ボタンを押す。まさに、テレビゲーム感覚である。

　また、ロシアの銃器メーカー「カラシニコフ」は、数ｋｇの爆薬を搭載できるドローンの販売を予定しているという。このドローンは極めて安価であり、容易にターゲットに特攻を仕掛けることが可能となる。すでにドローンに爆薬を積んだテロは全世界で増える一方だ。

空中から塀などの障害物を乗り越えてターゲットに接近し、搭載爆薬を爆発させる。人間を用いて自爆テロを行なうよりも、はるかに低コストで効果が高い。これらについての対策が急がれる。先述したカラシニコフの自爆攻撃専用のドローンが商品化されれば、今まで以上にテロリストが容易に用いることができるようになり、ますますテロの脅威が大きくなる。

空中無人ロボットと同様に、戦車タイプの無人ロボットを遠隔操縦し歩兵などを狙撃するロボットも開発されている。戦車ロボットに人工知能を組み込み、画像処理を用いて敵の人間と感知したもの、あるいは特定の識別コードを有しないものを全て殺戮するようにプログラムしておくことは、現在の科学技術レベルを考慮すればそれほど遠くない未来に登場するだろう。

敵味方を識別し自動で攻撃を行うロボットシステムは「自律型致死兵器システム（LAWS：Lethal Autonomous Weapon Systems）」と呼ばれ、人道的な観点から「特定通常兵器使用禁止制限条約」の中で論議が検討されるなど、多国間で規制の動きもあるあまりにも危険な兵器である。日本もそのような殺人ロボットの国際ルール策定に積極的に動いている。これらのことを考えれば、アイザック・アシモフのロボット三原則の1つ「人間には危害を加えない」などは、もはや何も意味をなしていないことがわかる。

重要なポイントは、人間を殺戮するロボットは必ずしもターミネーターのような人間の形状をしたヒューマノイドロボットでなくても良い点である。通常兵器に人工知能とネットワークを組み込むことでそれは容易に実現でき、どんどん実用化されている。特にアメリカやロシアなどでは産業としての軍事が重要な役割を持っており、それに投資する予算も他国の追随を許さない。ロボットの軍事応用に関しても、大きな予算をつけ優秀な人材を雇うことで盛んに研究が行われている。無人爆撃機から無人戦車、無人潜水艦さらには自爆ロボットまで、様々なロボットが軍事利用されてきている。

人間を殺傷するロボットは何も軍事やテロ目的だけでなく、市民を守るための警察組織にも導入されている。例えば2016年7月にアメリカ・ダラスで起こった警官狙撃事件では、警察が容疑者を殺害するために爆弾を搭載した遠隔移動ロボットを操縦し、容疑者の立てこもる場所に突入させて容疑者近くで遠隔ロボットを自爆させることで、爆殺している。本来、この移動ロボットは爆発物の処理を遠隔で行うためのものであるが、少し改造することで攻撃兵器として転用した形となっている（図4-4）。

「犯人を殺害するために、爆弾を搭載したロボットを自爆させる」という何ともアメリカらしい考え方ではあるが、この例は現代社会に大きな課題を投げかけている。先述の通り、ドローンや戦車タイプのロボットはアマゾンや量販店などで数千~数万円程度で購入可能であり、3Dプリンタを用いれば容易に改造パーツを作れてしまう。人工知能などのプログラムは、ネットからダウンロードしたり、少しのプログラム知識があれば自分でプログラミング出来てしまう。また、コントローラや無線技術はArduinoやRaspberry Piなどの安価なワンボードマイコン、さらにはスマートフォンなどを用いれば安価に可能となる。このようにロボットの製造技術は敷居が下がっており、それを悪用した犯罪も多発化していくだろう。

図4-4：2016年、ダラス警官狙撃事件にて
ダラス市警察により犯人を爆殺した
「ANDROS MarkV-A1」と同型のロボット
（©MathKnight）

先ほど紹介した、敵味方を識別し自動で攻撃を行うロボットシステム「自律型致死兵器システム（LAWS）」では、攻撃対象となる敵と味方を区別するための人工知能の開発に、もう少し時間がかかると思われる。しかし、逆に言えば「足音や会話」など、人間と思われる目標を無

差別に攻撃ターゲットにするプログラムは現時点でも容易に開発できる。つまり、人より手先が器用で工学的な知識が豊富な高校生・大学生くらいなら、条件がそろえば、現時点でもこのような無差別殺人ロボットを製作可能なのだ。

結局、「人間を襲うことを目的として、ロボットが実際に殺戮をする」ことは既に夢物語ではなく、実際に起こっているし、今後益々その脅威は大きくなっていく。

さて、順番が前後してしまったが、次に「①ロボットが暴走、あるいは自我に目覚めて、人間を襲う行為をしようとする」可能性について考えてみよう。この内容はさらに以下の3つに細分化される。

①-A：そもそも最初からマッドサイエンティストのような開発者によって、人間を襲う行為をプログラミングされている。

①-B：ロボットの中の人工知能が、自己学習にせよ、バグや故障にせよ、なんらかの不可抗力によって、人間を襲う。

①-C：外部からロボットをハッキング（クラッキング）して、本来はそのような意思を持たなかったロボットに意図的に攻撃的な意思を植え付ける。

①-Aについては、ロボットの軍事利用やテロリストによる利用などを想定すれば、先述したように技術的に可能だ。問題は①-Bと①-Cのケースである。

まずは①-Bの「なんらかの不可抗力によって、人間を襲う」場合について考えてみよう。読者の多くは「人工知能や機械、ロボットは間違いを犯さない」という考えがあるかもしれないが、実はそうではない。プログラム上のバグやセンサノイズや故障による誤認などで、コンピュータや精密機器は誤作動を起こす場合がある。具体例として次の話を紹介しよう。

読者は「スタニスラフ・ペトロフ」という人物をご存じだろうか？　彼は旧ソ連の人物で、核戦争から世界を救った男として有名な人物である。詳細については諸説あるが、世間でよく知られている情報としては概ねこのような話である。

1983年当時、世界は東西冷戦の真っ只中にあり、アメリカとソ連の全面核戦争の緊張感が存在する時代であった。特に1983年は大韓航空機爆破事件などの関係で、最も緊張が高まった時期でもあった。アメリカもソ連も、相手国から核ミサイルを打ち込まれた場合は即座に報復の核攻撃を行なうことで、結果的に核抑止となり、核戦争が回避されていた。

その一環で、ソ連は人工衛星によるミサイル攻撃の早期警戒を行なっていた。スタニスラフ・ペトロフはソ連軍において、この人工衛星からのデータを監視し、アメリカからの攻撃を受けた場合、上司にそれを報告することを任務とした人物である。その報告に基づき、ソ連軍は即座に核攻撃による反撃を行なうとされていた。

そして１９８３年、なんとソ連のコンピュータはソ連に飛来する複数のミサイルを識別したのである。もしこれがアメリカから発射された核ミサイルならば、ソ連はアメリカに即座に核報復する。しかし、ペトロフはこれまでの自分の経験と勘から、これはコンピュータの誤作動と判断し、アメリカはミサイル攻撃を行っていないと結論づけた。実際にこれは誤作動であったわけだが、彼の冷静な判断により、ソ連が報復核攻撃を行なうことなく、間一髪で全面核戦争は回避された——。

１９８３年といえば、日本ではファミコンが発売された年である。当時、マイコン（今でいうパソコン）と呼ばれる安価なコンピュータが家庭に普及しつつある時代でもあった。当然、核戦争を招く可能性があるミサイル監視などには、家庭用マイコンが足元にも及ばないような最先端コンピュータが搭載されていたはずである。それでも、このような誤作動は起こってしまうものである。一般的に、コンピュータが誤作動を起こした場合でもそれを補うようなバックアップシステムが存在するが、有事の際に平時のバックアップがそれほど有効に働かないことは、東日本大震災での原発事故を見れば明らかである。

ソ連のケースでは、スタニスラフ・ペトロフという生身の人間の経験と勘で全面核戦争を防ぐことができたが、これが人工知能だったらどのように判断しただろうか？　ペトロフのように誤作動と判断できただろうか？

いずれにしても、この例から推察すれば、将来的にロボットが内部の精密機器のバグや故障などで、暴走し、人間を襲うケースは多かれ少なかれ発生するだろう。


さて、①‐Bの「なんらかの不可抗力によって、人間を襲う」場合のうち、次に「ロボット自身が自己学習や自我に目覚めるなどして、人間に危害を与えるケース」を考えてみよう。

SFでは定番のネタであるが、あながち夢物語でもなくなってきている。有名なエピソードとして、近年何かと世間を騒がしているAIロボット「ソフィア」の話がある。

ソフィアは次のページの図4‐5のような、人工知能を搭載した女性型ロボットである。アメリカのハンソン・ロボティクス社によって開発された。当初は上半身だけであったが。後に下半身も作られ、二足歩行も行うようになった（2018年現在）。その容姿はオードリー・ヘップバーンをイメージしているという（オードリー主演の『ローマの休日』が好きな筆者には、そのようには見えないが……）。頭部などに内蔵されたアクチュエータによって、人間と同じように喜怒哀楽といった様々な表情を表現可能である。

人工知能によってインターネットを介して多くの言葉を学び、相手の表情を読んで人間と対話できる。それまでの会話の流れを認識して対話を行うため、より自然な会話が可能となっており、様々なメディアにも登場している。世界で初めてサウジアラビアの市民権を取得しているロボットである。

図4-5：AIロボット「ソフィア」
（©ITU Pictures／国際電気通信連合）

ソフィアは様々なメディアで注目されているが、理由はその言動にある。インタビューを通じて「人類を滅亡させる」と言ってみたり「赤ちゃんが欲しい」と言ってみたり、何かと世間を騒がせている。このような言動は、現時点では「言葉遊び」の様相もあり、インタビュワーが話題作りのために会話を誘導していった可能性は十分ある。人間と同じように人工知能ロボットも会話を学習していくために、会話の内容によってはロボット自身も凶悪になったり、反対に高い倫理観を持ったりする。実は、ロボットの倫理観については学術界でもホットな話題となっている。興味のある方は『ロボットからの倫理学入門』（名古屋大学出版会）などを参考にしてほしい。

ソフィアの他にも、マイクロソフト社の人工知能「Ｔａｙ」の話題も有名である。Ｔａｙはツイッターの書き込み用プログラムであり、ツイッター上のユーザーのやりとりを学習してツイッターに書き込みを行う。Ｔａｙがソフィアと違うのは、それが単なる人工知能プログラムであり実際のボディが存在しない点だが、大まかな目的が人間との生のコミュニケーションという点ではソフィアと似ている部分もある。このＴａｙは、一部の悪意のあるユーザーのツイートを学習し続けた結果、人種差別発言を繰り返したため活動停止に追いやられてしまった。

会話型の人工知能ロボットは今のところ単に会話のみに特化しているため、「人類を滅亡させる」と言ってもその行動手段が伴っていないので何の危険性もない。しかし今後、ロボットの感情とそのボディの動作が連携付けられてくると、実際に銃を乱射したり、ミサイルのボタンを押すような行動が可能となる。したがって、学習過程によってはロボットが人間を襲うような危険行為を行う可能性は十分にある。

最後に、①-C「外部からロボットをハッキングして、本来はそのような意思を持たなかったロボットに意図的に攻撃的な意思を植え付ける」場合を考えてみよう。これは端的に言えば、ロボットプログラムのセキュリティホールを利用したハッキングである。この問題は決してロボットだけの問題ではない。航空機がハッキングされて、悪意ある外部の者に操作される危険性は以前より指摘されている。ロボットの場合は搭載された無線LANなどのセキュリティホールを通じてハッキングされ、悪意をもった人物にロボットが乗っ取られることで人間を襲ってしまうのは想像に容易いのである。

以上より、ロボットが人間を襲うというのは、その規模の大小を無視すれば「誇張であっても、虚構ではない」というレベルにある。それでも危険な暴走ロボットが1台程度なら、警察などでもある程度は対応できるかもしれない。しかし、ホストコンピュータが暴走してその下部にあるクライアントロボットが一斉に暴走し人間を同時多発的に襲えば、その対応は極めて困難になるだろう。

ロボットをハックして子供たちを洗脳する話

これまでの話は、ロボットのそのものが暴走、あるいは人為的に人間を襲う話であった。このように、直接的な脅威というのは何となく人間側も警戒しやすいので、セキュリティ装置を設置するなど事前の対策が取りやすいかもしれない。しかし、ロボットが人間を襲う脅威というのは何もこのような直接的な要因だけではない。もう少し間接的な危険性も存在する。

少し話が脱線するが、アメリカの陸軍では2000年代から、新たに兵士を募集する目的で完全無料のゲーム「America's Army」を配布している。このゲームはFPS（ファーストパーソン・シューティングゲーム）と呼ばれるもので、プレーヤー（主人公）視点で、戦場を移動し、銃をぶっ放して、敵軍の兵士やテロリストなどを倒していく（殺戮していく）ゲームである。

特に若者のプレーヤーはゲーム中で敵を撃ち殺すことで、「オレってスゲー！」と高揚感を感じる。アメリカ陸軍へ入隊するハードルを下げて、軍にリクルートしているのである。このゲームを体験して入隊した兵士は、ゲーム中で銃で人を撃つのに慣れ親しんでいるから、優秀な兵士となるという。そして、このような試みはアメリカだけでなく、他の国でも行われている。

「ゲームで若者が銃で人を殺し、その結果、軍隊に入隊する。なるほど、世も末だ」と思われる方もいるだろう。しかし、話はここで終わらない。これと同じことを実はテロリスト側も行っている。例えば、年端もいかない子供たちや判断能力の未熟な若者に特定のゲームをさせ、それを通じて、テロ行為の方法や信念などを叩き込むのである。まさに殺戮ゲームはリクルートツールとなっているのだ。

これを踏まえて、ロボットの話に戻そう。今日、ロボットを使った教育システムが世界中の学校などで模索されている。簡単に言えば、ペッパーのようなヒューマノイドロボットが先生となり、生徒に様々なことを教えるのである。現在は倫理的な問題や技術的な問題から全ての授業をロボットで行うのは無理であるが、中国では保育園・幼稚園のお遊戯などの一部に、ロボット教師の導入も行われている。

しかし、このロボットを用いた教育について興味深い研究が発表された。それはドイツのビーレフェルト大学の研究成果である。この研究では、ロボットの集団が周囲の人間に与える心理的影響を実験によって検証した。

実験の概略はこうである。被験者の周囲にヒューマノイドロボットを用意し、被験者とロボットの集団に、誰でも分かる簡単な問題を出す。例えば、「図4-6のように上の棒と同じ長さの棒を下の1〜3から選びなさい」といった極めて簡単な問題で、子供でも大人でも通常の判断能力を持つ人間ならば間違えることがないような問題である。しかし、問題を答える場において、周囲に同席させた多数のサクラ達が間違った答えを選ぶと、解答を行なう人間が周囲のサクラの圧力に負けて間違った答えを選択してしまうと言うものである（アッシュの同調実験）。このような現象を心理学的には同調圧力という。確かに大人の社会でも、このような同調圧力はよくある。会議の多数決の場でもそうだし、食事の店を決めるときも似たようなことが起こる。

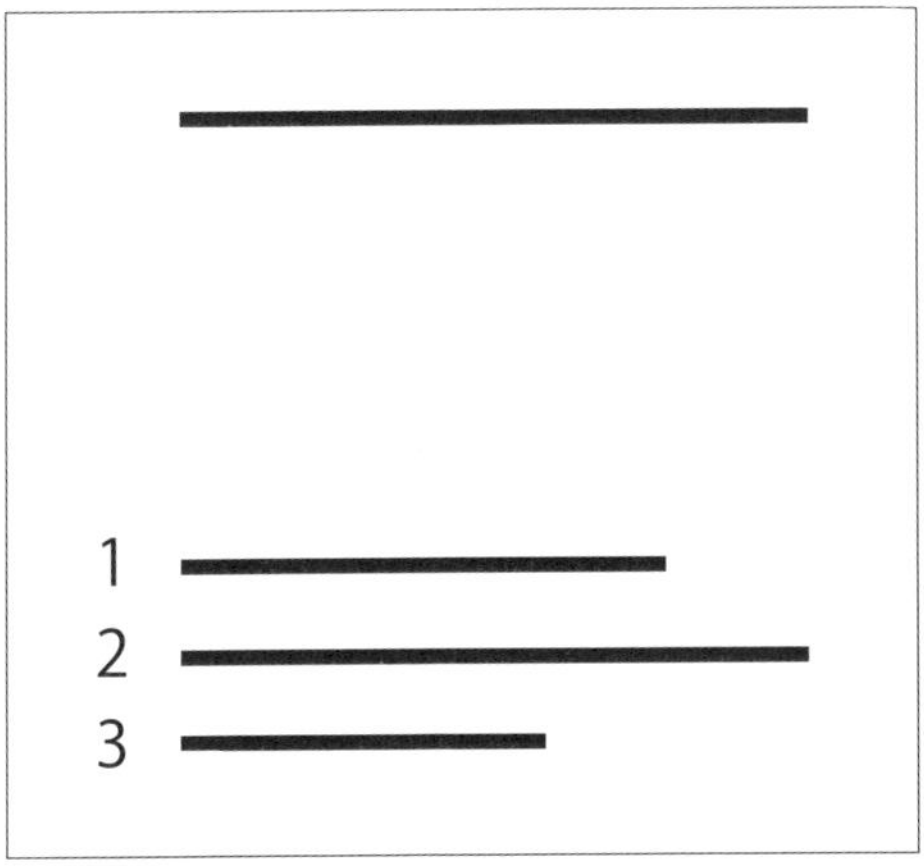

図4-6：長さの質問。上の棒と同じ長さの棒を下の1〜3から選ぶ問題。答えは2。

ロボットに話を戻すが、ドイツのビーレフェルト大学の実験では、サクラのヒューマノイドロボットが意図的に間違って答えを選んだときに、どのくらい同調圧力があるかを調べたのである。その結果、大人達はロボットから提示される間違った情報の影響をあまり受けなかったのに対し、子供達はロボットからの影響を強く受けてしまったのである。

つまり、周囲のロボットが間違った事を教えると、大人達はそれほど影響を受けないが、子供たちは同調圧力を受けやすく、ロボットの提示した間違った知識を受け入れやすいのである。これは、子供は純粋であり、人間もロボットも区別せず、平等にお友達（のようなもの）と理解していることの表れでもあるかもしれない。

今後、ロボットがますます普及していくと思われる教育分野では、テロリストなどの悪意をもった人間がロボットの人工知能プログラムをハックし、自分たちの都合の良いようにロボットを使って子供たちを洗脳すると言った手口が考えられる。先ほど、殺戮ゲームなどをリクルートで利用する話を紹介したが、これと似た事が教育用ロボットでも起こりうるのである。幼稚園に子供を通わせていたら、そこにはハックされた教育用ロボットがおり、お遊戯の最中に知らず知らずのうち、子供たちがテロリストやカルト宗教に洗脳されてしまう……そんな恐ろしい事も起こりえるのである。

第5章

シンギュラリティと人間の幸福

ロボット技術の未来はどうなるか

20年後の技術

ここまで、第1章でロボットの歴史、第2～4章では昨今のロボット技術やロボットの脅威などを解説してきた。本章ではこれまでの解説を踏まえ、ロボットとそれに関わる人間社会の未来について考えてみよう。

ここで言う未来とは100年後、200年後と言った未来ではなく、10～20年後程度の未来のことである。第1章で解説したレイ・カーツワイル博士の主張する人工知能のシンギュラリティが2045年を想定しているので、最大で25年後くらいと考えてもらいたい。

ただし、私は予知能力者でもないし、ロボットについても人よりは少し詳しい程度である。ハッキリ言えば、普通の人である。そんな筆者が予測する未来であるから、あくまでも個人的な考えに基づく「随筆」に近い内容であることをお断りしておく。

多くの人が予想しているように、今後、ロボット技術は今まで以上に社会に進出していき、我々の生活により密接に関係してくるであろう。特に昨今注目されている人工知能とVR（バーチャルリアリティ）技術、人間工学との融合が進み、これまで以上に高性能なロボットが登場するのは間違いない。では、それにより、どのような社会が待っているのであろうか？

まずは工場を見てみよう。現在、製造現場で利用されている多くの産業ロボットでは、ロボットの手先（ハンド）を目標位置にコントロールしている。つまり、単なる位置のコントロールであり、多くの場合はロボットの手先で発生する力はコントロールされていない。しかし、それでは人間のような柔軟な運動ができず、完全に人間の代わりに作業をすることが出来ない。実際にほとんどの工場では、まだまだ人間の作業に頼っている。

そこで、今後はこうした「人間のような柔軟な動き」の実現に焦点が当てられる。現時点でもある程度なら実現可能であるが、工場内で用いるには未だ信頼性・安全性に欠ける。十分な信頼性・安全性をもった柔軟な運動が実現する産業ロボットが市場に出回れば、これまでに人間にしか実現出来なかった高度な作業の多くを産業用ロボットが担うことになるであろう。

また、2019年現在、二足歩行を伴う完全なヒューマノイドロボットが工場などで人間の作業者の代わりに活用されている例を筆者は聞いたことがない（ただし、2つの腕と頭部を持つ上半身のみのヒューマノイドロボットの工場への導入実績は存在する）。しかし、今後は、高度な作業を可能とするヒューマノイドロボットが、工場内で人間の代わりに、あるいは人間と協調作業するなどは可能になるであろう。

また、製造業などの二次産業だけでなく、農業、漁業などの一次産業やサービス業などの三次産業まで多くのロボット技術が流入していくのは間違いない。そして、おそらく一般家庭にもペッパーのような家事を手伝ってくれる家庭用の人間型ロボットも徐々に普及していくに違いない。また、ルンバやマッサージチェアのような非人間型ロボットは、用途に特化している分、高度化が進むのが容易だ。家事や育児を代替してくれるロボットが今より普及すれば、家事や育児に従事する女性が社会進出しやすくなる。昨今の社会問題に少子高齢化とそれに伴う人手不足があるが、女性の潜在的な労働力を積極的に活かすことができれば、このような問題をある程度解決できるかもしれない。

このような事を書くと、「人間の仕事が無くなってしまう」「我々の生活が一転する」ように感じる人がいるが、私は個人的には、少しずつ、そのように社会が変わっていくのであって、

10～20年後程度の未来にはそれほど「劇的な変化」は起こらないと推察している。あくまでも社会全体として「ゆっくりとした変化」が起こっていくと思っている。

過去から今を考えてみる

反対に考えて、今から約20年前の過去に遡ってみよう。今から約20年前と言えば、2000年頃であろうか。その頃の記憶がある方は当時を思い出して欲しい。当時はすでにパソコンも家庭用のインターネットもかなり普及していた。携帯電話もあったし、携帯電話からメールを送受信したり、限定的ではあるが携帯電話からインターネット接続も出来ていた。もちろん今のスマホほどは便利ではなかったが、基本的には当時も今も社会生活レベルでは大差なかったと記憶している。

私事ではあるが、2000年当時、私は某国立大学の医学部に勤務していた。勤務といっても医者・看護師ではなく、医学部内の図書館に勤めていた。その職場では医学部の研究者や付属病院の勤務医らと雑談する機会が多く、雑談の中で、当時の最先端の医学研究者がこのような話をしていたのを覚えている。

「20年後にはガンやエイズの特効薬も開発されているかもしれない」

あれから約20年経って、以前よりも医療技術は格段に進歩し、ガンにしてもエイズにしても、以前では救えなかった命も救えるようになっている。しかし、残念ながら「特効薬」という便利なものは完成していない。日本でエイズが社会問題化したのは１９８０年代であったし、ガンが日本人の死因のトップになったのは１９８１年である。少なくともこの例では、40年間、いやそれ以上の期間、医学が進歩しているにもかかわらず特効薬が開発されていないことになる。ただし、繰り返しになるがガンもエイズも40年前に比べて医学の進歩により救える命は格段に増えている。

同様に原発の問題を見てみよう。日本で原子力発電が一般的に開始されたのが１９６０年代のことで、当時想定された運転年数は40年だった（ただし、その後20年を超えない範囲で1回だけ延長可能）。今日、その多くは想定された運転年数が迫り、廃炉が決定した原子炉が現時点で20個ほど存在する。これは稼働中・解体中を含め、日本の原子炉の約3分の1の数である。しかしながら、廃炉が決定しても、具体的に核汚染された機器をどのように安全に廃棄するかは、まだ手探りの状態なのである。具体的な処理は一向に進んでいない。廃炉の技術だけでなく、核廃棄物の処理方法も埋め立て以外には確立されておらず、その処分場も満足に決定されていない状況である。

私は原子炉の専門家ではないので想像で言うが、原発が出来た当時は、役人も学者も「きっと40〜60年後には、技術が飛躍的に進歩して核廃棄物処理も出来るようになるに違いないよね」というような甘い考えがあったのではないであろうか。

マスコミの煽りを真に受けてはいけない

昨今の人工知能ブームで、マスコミやネットなどでは「人工知能やロボットによりあと10年でなくなる仕事、消える仕事」が取り上げられたり、「人間の雇用が奪われる！」とセンセーショナルに騒ぎ立てているが、非常にナンセンスだと思う。以下は今後消えていく仕事の一例らしい。

1．小売店販売員
2．会計士
3．一般事務員
4．セールスマン

5. 一般秘書
6. 飲食カウンター接客係
7. 商店レジ打ち係や切符販売員
8. 箱詰め積み降ろしなどの作業員
9. 帳簿係などの金融取引記録保全員
10. 大型トラック・ローリー車の運転手
11. コールセンター案内係
12. 乗用車・タクシー・バンの運転手
13. 中央官庁職員など上級公務員
14. 調理人（料理人の下で働く人）
15. ビル管理人

（出典：「機械に奪われそうな仕事ランキング1～50位！　会計士も危ない！　激変する職業と教育の現場」週刊ダイヤモンド8／22号特集、「息子・娘を入れたい学校２０１５」）

あくまでもアメリカのケースであると言うが、少し大げさ過ぎると思うのは私だけだろうか。人工知能やロボットが今まで以上に進出してきても、10年間そこそこでは、それほど人間社会にとって変わらないというのが私の見解である。

もちろん、技術が発達すれば無くなる仕事や衰退する仕事は確かにある。昔、工場で使うモータは直流モータが主流であった。直流モータはミニ四駆などで用いられるマブチモータが有名で、コイルに電流を流すことで軸が回転する仕組みで、ブラシを使ってコイルに電気を流しておりブラシが摩耗したりコイルが焼き切れたりした。そこで、モータの修理を専門に請け負う職業が存在した。特に、戦後のモノがない時代にはこのような職業は極めて大事であった。しかし、時代は変わり、技術革新によりブラシレスモータという極めて故障の少ない新しいモータが実用化され、普及していった。その結果、このようなモータの修理を専門に請け負う仕事は激減し、今ではほとんど見かけなくなった。

また、電話が普及し始めた当時は、通話相手に電話をつなぐには電話会社のオペレータに電話し、相手の電話番号をオペレータに口頭で伝え、その番号の相手にオペレータが毎回毎回ケーブルのプラグを差し込み、物理的に回線(ケーブル)を接続して相手と会話したという。今は自動で相手との回線をつなぐので、そんな仕事は存在しない。

このように技術が進歩すれば、社会のニーズに合わせて、ある程度はなくなる仕事が存在するのは事実である。しかし、上記のような記事は余りに過剰に読者をあおっているとしか考えられない。

人工知能がブームになる前、2010年頃からドローンが非常にお手頃な価格となり、ドローンのブームが起こった。テレビ番組などでは「数年後のドローンの市場規模は2兆円以上になる。その頃にはドローン操縦士が14万人以上不足する。ドローン操縦者になれば儲かる！」という話題が取り上げられ、番組内では年収1億円のカリスマドローン操縦士が紹介された。そして、全国各地にドローン操縦士養成学校のようなものができあがった。当時の養成学校には「あなたもドローン操縦士になって大儲け！」のような気風が存在していた。

現在、どれほどのプロのドローン操縦士が活躍しているだろうか。もちろん映像関係や計測関係などの一部でそういったプロは存在する。しかし、どの世界も甘くない。少しくらい養成学校で操縦を習ったからといって、稼げるプロになるのは難しい。

マスコミはこんな感じで視聴者をあおるが、責任は何もとらない。先ほどの無くなる職業も非常に信憑性に欠けるのである。

例えば、P143で解説したように、近年のマッサージチェアはロボット技術を積極的に取り入れ、かなり高度化してきている。私も大手家電量販店でマッサージを体験するが、昔に比べて雲泥の差であり、これはロボット技術の発展によるほかない。

ところが、街中を見渡すとどうであろう。いわゆる人手が行なうマッサージ店がどんどん開店している。価格破壊や競争によってマッサージ店が淘汰されたという話は聞くが、「マッサージチェアの性能が向上したから店が潰れた」という話は聞いたことがない。誰しも孤独を感じると、やはり人間が恋しくなるものである。冷凍食品の味が向上した現在でも外食産業はなくならないし、セブンカフェが繁盛したとしても喫茶店そのものは不滅なのである。


つまり何が言いたいかというと、マスコミは必要以上に面白おかしく「人工知能やロボットによりあと10年でなくなる仕事、消える仕事」とまくし立てるが、人工知能やロボットが社会進出しても、10年や20年くらいには多少衰退する職業はあるが、存在そのものが無くなる職業はほとんどないと思う。もちろんこれは個人的な意見ではある。

では、なぜこのような突拍子もないことがマスコミに大々的に取り上げられ、話題になるかと言えば、それは人間が「新しい事」や「新しい技術」に対し、期待と同時に恐れを感じる生き物だからだろう。

生活に余裕があれば人は幸せになれるのか？

ロボット技術や人工知能が発達すれば、我々の生活が便利になるのは間違いない。しかし、もう一つ問題なのは、シンギュラリティが実現して、科学技術が飛躍的に進んで超便利になれば、「人間は幸福になれるのか？」という疑問である。

何となく多くの人達は、新しいことに対する警戒心の裏側のどこかで「科学技術の発達＝幸福な生活」という考えを持っている。確かに、そういう側面はある。例えば、医学の発達により、これまででは不可能だった多くの命を救えることができるようになる。また、ロボット技術などで義手・義足などが発達していけば、身体障がい者の一部の人たちのＱＯＬ（クオリティ・オブ・ライフ）が飛躍的に向上する。また、生活のために重労働を強いられている人たちが、ロボット技術により、その重労働から解放され、余暇を楽しむことが可能となる。「人間は幸福になれるのか？」という疑問に対し、そもそも人間の幸福度を、数値的に評価するのは意外に難しい。莫大な富や地位や名声があり、便利で贅沢な生活をすれば幸せになるのだろうか？

2018年、アメリカのニューヨークに住む2人の大スターが自殺し、世間を驚かせた。1人はデザイナーのケイト・スペードという人物であり、もう1人はテレビ番組で人気のシェフ、アンソニー・ボーデインであった。2人ともそれぞれの分野で大成功をおさめ、富と名誉を欲しいままに手にした人物であった。アメリカでは相当なセレブで有名であり、少なくとも収入と言う面ではかなり恵まれた状態だったようだ。お金で買えるものはほとんど不自由なく手に入るこの2人が自分の人生に絶望し、自死を選んだことは人間の幸福について考えさせられる事案である。

人間の幸福度を数値として示すには様々な側面から多面的に考える必要があるが、本書では手に入りやすいデータとして自殺率に注目してみよう。次のページの図5‐1は戦後の日本国内における人口10万人当たりの自殺率の推移である。

特に目につくのは1990年代後半から一気に値が上昇し、2011年くらいまで高い値で推移している点である。この時期は他の多くの専門家が指摘しているように、1990年後半にITバブルもはじけてからリーマンショック後までの不況期と一致する。反対に景気

の良かったバブル期のピーク前後（１９８０年

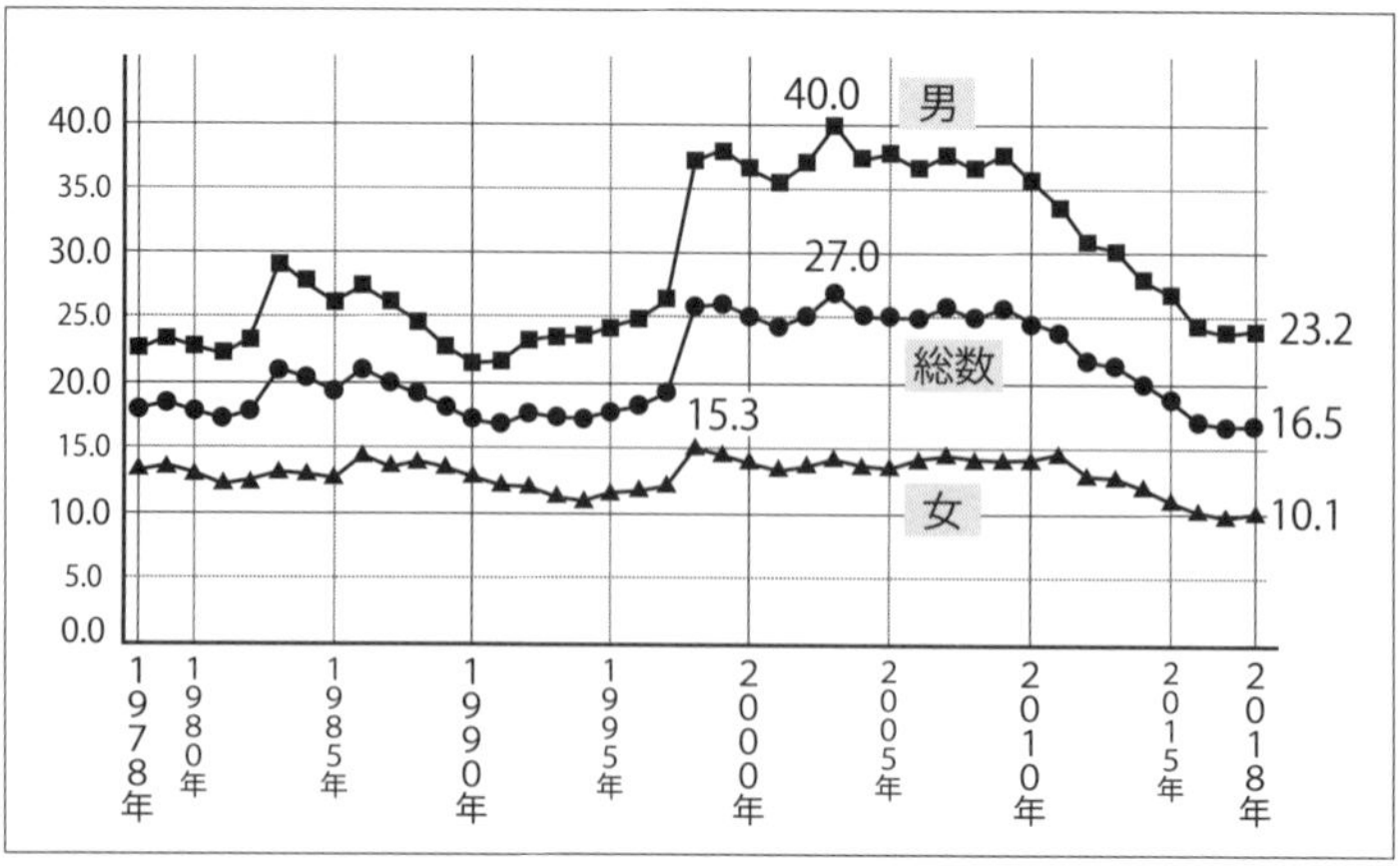

図5-1：自殺死亡率（人口10万人あたりの自殺者数）の推移（出典／厚生労働省 平成30年度版自殺対策白書　第1章「2.自殺死亡率の推移」より

後半から１９９０年代前半）の自殺率は低い。また、図中では省略されているが、１９７０年代から１９８０年代初頭にかけて少しずつ値が増加しているおり、これはオイルショックの時期と重なるし、１９８０年代半ばから更に値が増加しているのは概ね円高不況の時期と一致している。

　このように、少なくとも自殺率に関しては、科学技術の発達とは全く関係なく、むしろ経済状況と密接に関連していると考えた方が妥当だ。これから推察できることは、今後、科学技術が発達し、人工知能やロボットが我々の生活に浸透してきても、自殺率にはほとんど影響を与えることはなく、むしろ経済状況の方が重要であるということである。

少し強引であるが、「自殺率≒幸福度の逆数」もしくは「自殺率の低下≒幸福度の増加」と考えるならば、我々の生活は人工知能やロボットの社会進出が進んだからと言って、大局的に見れば、全くと言っていいほど幸福度とは関係ないことになる。これに従えば、科学技術の向上よりも雇用の確保、労働賃金の向上の方が幸福度に貢献する。むしろマスコミが言うように、ロボットにより人間の雇用が奪われるなら（私は懐疑的だが）、幸福度は下がって行く可能性が高いだろう。

しかし、一方で先ほどのアメリカのセレブの自殺について考えれば、単に経済力だけが幸福度でもない気がする。人によって様々な事情はあるが、もしかしたら「お金で買えるものは全て手に入る便利で贅沢な暮らし」というのもある意味で喪失感が大きいのかもしれない。要は「生きがい」が問題なのであろう。

「不便益」という概念

以上より、人間の幸福というのは科学技術の発展よりむしろ経済的なものにある程度依存し、また、どのような環境にあろうとも生きがいがなくなってしまえば、幸福度が下がると考えられる。シンギュラリティにより科学技術が発達して便利になり過ぎても、あまり幸福度には意味がなく、ある程度の経済的な余裕と生きがいを持つのが良いということだ。

ここで、サラリーマンの気持ちを川柳で謳った「第31回サラリーマン川柳コンクール（第一生命）」の一部を紹介したい。第31回は2018年の作品であり、この年の世相を反映し、人工知能・ロボットやSNSなどのテーマが多いのが特徴である。例えば、

「ノーメイク　会社入れぬ　顔認証」（第3位）
「効率化　進めて気づく　俺が無駄」（第4位）

などだ。科学技術の進歩に対し、サラリーマンたちの現場が振り回されている感じがダイ

レクトに表現されていて何とも哀愁を誘う。その中で個人的に興味深かったのは、

「スポーツジム　車で行って　チャリをこぐ」（第1位）

であった。今後のロボット技術の発展とオーバーラップしてしまう句である。確かに、科学技術が発達し便利になり、1人1台くらい乗用車を持っていてもいいほどに普及し、仕事は各自がそれぞれ自動車で通勤するようになった（都心部などを除く）。しかし、その結果、運動不足から肥満などの生活習慣病を招きやすくなって、その予防のためにわざわざ車でジムに行き、お金を払って自転車（おそらくエアロバイク）を漕ぎ、運動をする。さすが第1位を獲得した句である。科学技術の矛盾をユーモアを交えて表現している。

そんな昨今の社会の中で注目されているものに「不便益《ふべんえき》」という概念がある。この不便益とは京都大学の川上浩司教授によるチームが提唱している概念である。彼らの言葉を借りて説明すると、次のようなものである。

不・便益ではありません。不便の益(benefit of inconvenience)です。不便で良かったこと、

ありませんか？

便利とは、手間がかからず、頭を使わなくても良いことだとします。そうすると、不便で良かった事や、不便じゃなくちゃダメなことが、色々と見えてきます。

【不便益】

・富士山の頂上に登るのは大変だろうと、富士山の頂上までエレベーターを作ったら、どうでしょう。よけいなお世話というより、山登りの本来の意味がなくなります。

・ヒットを打てるように練習するのは大変だろうと、だれでも必ずヒットの打てるバットを作ったら、どうでしょう。これも同じですね。

（中略）

・就職氷河期に、就活超勝ち組の学生がいました。コツを聞いたところ、新聞を取るのを止めたのだそうです。勝手に配達＋口座引落しという便利方式を止めて、毎朝コンビニに行ってキャッシュで新聞を買う。これがコツだとのこと。

不便で良かったことを私たちは「不便益」と呼びます。

（中略）

【不便益デザインのお手本】

便利の押しつけが、人から生活する事や成長する事を奪ってはいけない。

・日常なにげないバリアをあえて作り込んで身体能力を衰えさせないという考え方（バリアアリー）と、それを実践しているデイサービス

・安全を担保するのは道路側ではない。車線も標識も信号も取っ払って、安全の担保は人に委ねる道（シェアードスペース）

・電動サポートや自動衝突回避などの便利機能をつけるのとは逆向きに、「自分の足で、漕げ」という車いす（Cogy）

（以上「不便益システム研究所」ホームページ　http://fuben-eki.jp/whatsfuben-eki/　より引用）

このように、何でもかんでもロボットや人工知能が社会に進出し、我々の生活が便利にな

ることが必ずしも良いことではなく、むしろほどほどに不便の方が豊かな生活を送れる場合が多いのである。

再度結論づけるが、私自身は、ロボット・人工知能の社会普及により今より少しは生活が便利になるが、本質的な生活レベルは10年や20年そこそこでは、それほど変化は見られないと思う。科学技術というのは一般にそれが普及するまでにタイムラグがあるし、徐々に進歩し少しずつ我々の生活に浸透していく。

まずは、我々はシンギュラリティなどという言葉に臆することなく、冷静にロボット技術を見守ればよいと思う。どんなに科学技術が発展しても、ロボットで出来ることは出来るし、出来ないことは出来ない。もしかしたら、１００年後の未来の人間たちも、我々と同じような生活をしているかも知れない。

「人類は五千年前にも酒を飲んでいた。現在も酒を飲んでいる。そして五千年後だってやはり酒を飲んでいるだろう」

これは、ＳＦアニメ「銀河英雄伝説」に登場する主人公ヤン・ウェンリーの言葉である。

私自身はロボットや人工知能を含めた科学技術がどれだけ発展しても、人間社会の本質はそれほど変わらないと思っている。

シンギュラリティ？　それがどうした！

おわりに

本書の執筆のご依頼を彩図社より頂いたのは、平成30年初夏であった。そのときは、「ネタ的に自分の専門分野だから、あまり時間を掛けずに原稿を仕上げることが出来るだろう。多分、平成30年内には執筆が終わるだろう」とタカをくくっていた。しかし、本業である大学業務や他の執筆活動などで時間を取られたり、途中、内容が迷走したりして、初稿を仕上げたのが平成31年春となってしまった。この時点で平成最後の年となり、平成もあと数ヶ月を残すところとなっていた。

思えば、私がロボット工学の道を志したのは平成元年の大学受験の浪人時代であった。手先が器用でガンプラ好きの私は、漠然とロボット工学を学びたいという希望はあったが、平成元年の当時はロボット工学を全面に押し出している大学の学部は少なかった。志望校を決めるために「赤本」と呼ばれる受験書を読み、後に私のロボット工学の師匠となる先生が在籍する大学とその学部を知り、そこを受験することにした。その後、めでたく希望する研究室に配属され、ロボット工学の道を本格的に歩むことになったのである。

平成の約30年間で、確かにロボットを含む科学技術は劇的に進化した。そして、技術だけでなく、社会情勢も大きく変化した。世界に目を向けるとベルリンの壁は崩壊し、冷戦が終結した。かと思えば、今は新冷戦などと呼ばれる時代に突入している。世界同時多発テロに代表される大規模テロも頻発しているし、国内に目を向けると、日本で大地震が頻発し大きな原発事故まで起こってしまった。

平成元年当時の私はまだ若く、これからの未来に毎日ワクワクしていた。工学部に進学した当時、ロボット技術の発展が人類を大きく幸せにして、バラ色の未来が待っていると信じていた。しかし、令和元年の私はどこか冷めてしまっていて、日々にそれほどワクワク感などない。ただし悲壮感もないので、良くも悪くも冷静なのかもしれない。

確かに、これからロボット技術は益々発展して、その技術で救われる人もたくさん出てくるだろう。しかし、ロボットで出来ることは出来るし、出来ないことは出来ない。これは事実だ。ロボット技術や人工知能だけで、幸福な未来を描くことは難しい。

平成から令和に年号が変わり、次の30年にいったいどんな世界が待っているのだろうか。まずは焦らず、一人の科学者・技術者として、冷静に見守っていこうと思っている今日この頃なのである。

【参考文献】

『シンギュラリティ：人工知能から超知能へ』マレー・シャナハン著、ドミニク・チェン監修・翻訳、ヨーズン・チェン、パトリック・チェン翻訳（NTT出版）
『シンギュラリティは怖くない：ちょっと落ちついて人工知能について考えよう』中西崇文著（草思社）
『人形の文化史―ヨーロッパの諸相から』香川檀編（水声社）
『図説からくり―遊びの百科全書』立川昭二、種村季弘、青木国夫、高柳篤、玉屋庄兵衛著（河出書房新社）
『ダ・ヴィンチが発明したロボット！』マリオ・タッディ著、松井貴子翻訳（二見書房）
『生きている人形』ゲイビー・ウッド著、関口篤翻訳（青土社）
『天災から日本史を読みなおす―先人に学ぶ防災』磯田道史　中央公論新社
『イラストで学ぶ人工知能概論』谷口忠大著（講談社）
『Newton 別冊「ゼロからわかる人工知能」』（ニュートンプレス）
『ドラえもん最新ひみつ道具大事典』藤子F・不二雄監修（小学館）
『ロボットからの倫理学入門』久木田水生、神崎宣次、佐々木拓著（名古屋大学出版会）
『不便益という発想～ごめんなさい、もしあなたがちょっとでも行き詰まりを感じているなら、不便をとり入れてみてはどうですか？』川上浩司著（インプレス）

【参考ＵＲＬ】

・「産業用ロボットの世界シェア1位を誇る日本のメーカー一覧」https://careerpark.jp/2267

・「いまさら聞けない産業用ロボット入門」http://monoist.atmarkit.co.jp/mn/articles/1403/10/news006.html
・「ファナックの食品ロボ、3年で5倍成長のワケ」（東洋経済オンライン）https://toyokeizai.net/articles/-/14385
・『Science Window　２００８年10月号特集：ロボット今昔ものづくり』https://www.jstage.jst.go.jp/article/sciencewindow/2/7/2_20080207/_article/-char/ja/
・「車輪型にトランスフォームするクモ型ロボット『Bionic Wheel Bot』」https://www.gizmodo.jp/2018/03/bionic-wheel-bot.html
・「ガンダムのハロのような転がり移動と四足歩行を巧みに切り替えられる災害救助用ロボットを千葉工業大学が開発」https://buzzap.jp/news/20151020-qross/
・「プロドローンがアームが付いた空中ロボット型ドローンを公開」https://roboteer-tokyo.com/archives/5795
・「東大ＪＳＫ発の空中で変形するロボット『ドラゴン』が凄すぎる」https://robotstart.info/2018/05/25/ut-jsk-dragon.html
・特定非営利活動法人　日本水中ロボネット　http://underwaterrobonet.org/
・「従来の交渉分類から外れる新兵器　ロシア原子力推進〝核魚雷〟「ポセイドン」発射映像公開の意味」https://www.fnn.jp/posts/00427720HDK
・「あのボストン・ダイナミクスの〝ロボット犬〟、来年の発売に向けた進化の裏側」https://wired.jp/2018/05/12/spotmini-available-next-year/
・「ボストン・ダイナミクスの〝ロボット犬〟が、東京の建設現場で働き始めた」https://wired.jp/2018/10/13/boston-dynamics-robot-dog/
・「テムザック、大型レスキューロボット「Ｔ－52援竜」公開」https://pc.watch.impress.co.jp/docs/2004/0325/tmsuk.

htm
・「日立建機、四脚クローラ方式を採用した双腕型コンセプトマシンを開発」（日本経済新聞）https://www.nikkei.com/article/DGXLRSP474942_S8A320C1000000/
・ＪＩＣＥ国土技術研究センター「地震の多い国、日本」http://www.jice.or.jp/knowledge/japan/commentary12
・国土交通省近畿地方整備局「阪神・淡路大震災の経験に学ぶ」https://www.kkr.mlit.go.jp/plan/daishinsai/1.html
・「活火山の監視を目指した火山探査ロボット」http://www.astro.mech.tohoku.ac.jp/~keiji/Research/research_Topics_141006.html
・東北大学 Human-Robot Informatics Laboratory　https://www.rm.is.tohoku.ac.jp/
・「空飛ぶ消火ロボット「ドラゴンファイヤーファイター」を開発（世界初）～ホースが浮上、建物に突入して、火元を直接消火～」https://www.jst.go.jp/pr/announce/20180530/index.html
・「隊員が近づけない特殊火災現場を最新鋭消火ロボが担う！　消防の未来」https://emira-t.jp/ace/5664/
・「海難用人命救助ロボット・エミリーが３００人の命を救う」https://roboteer-tokyo.com/archives/4306
・『日本ロボット学会誌 Vol.36, No.6』２０１８年７月　特集「原子力発電所事故対応ロボットの現状Ⅰ――廃炉作業最前線」
・『日本ロボット学会誌 Vol.36, No.7』２０１８年９月　特集「原子力発電所事故対応ロボットの現状Ⅱ――人災育成、インフラ整備、シーズ発掘」
・「『ヒトではできない領域こそ出番』、〝過酷な環境〟でロボットが社会を守る（２）」https://project.nikkeibp.co.jp/mirakoto/atcl/robotics/h_vol8/
・「目指すは人機一体の実用マシン～立命館大学・金岡克弥チェアプロフェッサーインタビュー」https://robot.watch.impress.co.jp/cda/column/2008/12/25/1496.html

・CYBERDYNE 株式会社　https://www.cyberdyne.jp/
・「山海嘉之が挑む、介護でロボットスーツ「ＨＡＬ」実用化」https://next.rikunabi.com/tech/docs/ct_s03600.jsp?p=000743
・「ＪＡＬの手荷物・貨物搭載作業現場にＡＴＯＵＮのパワーアシストスーツが導入『ATOUN　MODEL　Y』を計 20 台」https://robotstart.info/2019/02/12/moriyama_mikata-no79.html
・スケルトニクス株式会社　https://skeletonics.com/
・株式会社イノフィス　https://innophys.jp/
・株式会社スマートサポート　https://smartsupport.co.jp/
・株式会社人機一体　http://www.jinki.jp/
・「脳波でロボットを制御する世界がついにやってくる！」https://time-space.kddi.com/digicul-column/world/20170222/
・「脳波でロボットアームを操作、〝3本目の腕〟に　ペットボトルつかむ実証実験」http://www.itmedia.co.jp/news/articles/1807/26/news095.html
・「乙武洋匡が人生初の仁王立ち！　話題のロボット義足を手掛けた小西哲哉のデザイン世界【the innovator】」http://hero-x.jp/article/5569/
・「スタイリッシュな電動義手に潜む超メカニズムに迫る　exiii 山浦博志ＣＴＯインタビュー」https://weekly.ascii.jp/elem/000/000/291/291628/
・「見えない目に光をともす　人工眼『バイオニック・アイ』が未来的すぎる」（目ディア・エンタメ　２０１５年11月24日記事）https://eye-media.jp/entertainment/%e4%ba%ba%e5%b7%a5%e7%9c%bc%e3%80%8c%e3%83%90%e3%82

%a4%e3%82%aa%e3%83%8b%e3%83%83%e3%82%af%e3%83%bb%e3%82%a2%e3%82%a4%e3%80%8d/
・「サイボーグ化ゴキブリ Biobot で災害救助、米大学が開発。声を頼りに生存者を捜索」https://japanese.engadget.com/2014/11/10/biobot/
・「脳に電極埋め込むことで制御できるサイボーグゴキブリ「robo-roach」が開発される!!　災害地でゴキブリ大活躍!?」https://commonpost.info/?p=109042?p=109042
・「手術支援ロボット『ダヴィンチ』徹底解剖」http://hospinfo.tokyo-med.ac.jp/davinci/top/index.html
・「腹腔鏡下手術や胸腔鏡下手術と同額で可能に　ロボット手術が複数のがんで保険適用に」https://medical.nikkeibp.co.jp/leaf/all/cancernavi/report/201803/555258.html
・介護ロボットＯＮＬＩＮＥ　https://kaigorobot-online.com/
・大和ハウス工業株式会社「パロとは?」http://www.daiwahouse.co.jp/robot/paro/products/about.html
・株式会社ナンブ「歩行支援機『ACSIVE（アクシブ）』」https://www.nambu-y.jp/product/acsive/index.html
・セコム株式会社「食事支援ロボット　マイスプーン」https://www.secom.co.jp/personal/medical/myspoon.html
・「産総研、大工ロボ『ＨＲＰ‐５Ｐ』を公開。石膏ボードを巧みに壁に取り付け」https://japanese.engadget.com/2018/10/02/hrp-5p/
・「建築現場の重労働を自律的に作業する人間型ロボット『ＨＲＰ‐５Ｐ』を産総研が公開」https://dailynewsagency.com/2018/10/04/hrp-5phumanoid-robot-x9f/
・「アマゾンの物流倉庫、商品を運ぶロボットを国内初導入」https://xtrend.nikkei.com/atcl/trn/pickup/15/1003590/120700686/
・「【動画】サイズ変幻自在のスマートマネキンがすげぇ！【iDummy】」http://easyandeasy.net/smart-mannequin-

idummy-which-can-change-size-for-clothes
・未来コトハジメ　https://project.nikkeibp.co.jp/mirakoto/
・「ペッパー君さようなら　8割超が〝もう要らない〟」（AREA dot.）https://dot.asahi.com/wa/2018102400011.html
・「『変なホテル』ロボットから脱却」（長崎新聞）https://this.kiji.is/425672063371494497
・安川電機ロボット工場「ロボット第1工場最先端ロボット技術を集結！　ロボットがロボットをつくる工場」https://www.yaskawa.co.jp/robot-vil/robot-factory1/index.html
・「ＡＩＢＯ１１０台、安らかに…　解体前に「葬式」」（朝日新聞）https://www.asahi.com/articles/ASL4V43XWL4VUDCB009.html
・「中国、世界初『ＡＩ嫁』を開発　「結婚の心配もう不要」専門家が危惧」（大紀元時報日本版）https://www.epochtimes.jp/2019/02/40539.html
・「世界初のアンドロイド観音像　動く仏像へ「進化」、高台寺」（京都新聞）https://www.kyoto-np.co.jp/sightseeing/article/20190223000082
・「カラシニコフ「小さな部隊向け」特攻ドローンKUB-UAV発表。操縦しやすく安価、爆薬3kg搭載可能」https://japanese.engadget.com/2019/02/26/kub-uav-3kg/
・「政府、殺人ロボ規制の支持表明へ3月の国連会議で」（共同通信）https://this.kiji.is/479580720869344353
・「「人類を滅ぼす」と言ったロボット〝ソフィア〟のすべて」https://www.businessinsider.jp/post-106516
・「人工知能ロボット「ソフィア」が「家族や子供を持ちたい」と発言」https://roboteer-tokyo.com/archives/11104
・「中国の幼稚園では子どもと触れ合って教育を行う「ロボット教師」が導入されている」https://gigazine.net/news/20180902-robot-teacher-invade-chinese-kindergarten/

・「大人は気付かない。子供が今、ロボットから受けている影響」https://www.gizmodo.jp/2018/10/paradigm-ash-ai.html

・「資生堂、化粧品工場に人型ロボット導入　人間と一緒に組み立て作業」https://www.itmedia.co.jp/news/articles/1703/23/news151.html

・「機械に奪われそうな仕事ランキング1～50位！　会計士も危ない！　激変する職業と教育の現場　週刊ダイヤモンド８／22号特集「息子・娘を入れたい学校２０１５」より」https://diamond.jp/articles/-/76895

・厚生労働省平成30年版自殺対策白書　https://www.mhlw.go.jp/wp/hakusyo/jisatsu/18/index.html

・「第31回サラリーマン川柳全国ベスト10決定！」https://event.dai-ichi-life.co.jp/company/senryu/archive/31.html

・不便益システム研究所　http://fuben-eki.jp/whatsfuben-eki/

・「Children conform, adults resist:　A robot group induced peer pressure on normative social　conformity」http://robotics.sciencemag.org/content/3/21/eaat7111

・その他、必要に応じてwikipediaなども参考

【本文画像引用元】

【図１－５：Eric】https://www.kickstarter.com/projects/sciencemuseum/rebuild-eric-the-uks-first-robot?lang=ja

【図２－２】https://www.denso-wave.com/ja/robot/product/five-six/vp.html

【図２－４】http://www.mechatronics.me.kyoto-u.ac.jp/modules/kenkyu/index.php?content_id=3

【図２－５】https://shingi.jst.go.jp/var/rev0/0000/5069/2017_jaxa_3.pdf（５枚目）

【図２－７】https://www.vstone.co.jp/products/nexusrobot/index.html

【図２－８】https://robot.watch.impress.co.jp/cda/news/2006/07/24/96.html

【図２－９】http://jcma.heteml.jp/bunken-search/wp-content/uploads/2007/12/032.pdf

【図２－10】https://www.youtube.com/watch?v=xqMVg5ixhd0（動画）

【図２－12】https://www.festo.com/group/en/cms/13129.htm（１つ目の動画）

【図２－13】https://www.youtube.com/watch?v=T6kaU2sgPqo（動画）

【図２－14】https://www.youtube.com/watch?v=uje6iUBbkwM（動画）

【図２－18】https://www.youtube.com/watch?v=w6QEGeIKHw0（動画）

【図２－20】https://www.rm.is.tohoku.ac.jp/quince_mech/

【図２－21】https://www.tmsuk.co.jp/products/#power_roid

【図２－22】https://www.rm.is.tohoku.ac.jp/%E3%82%B5%E3%82%A4%E3%83%90%E3%83%BC%E6%95%91%E5%8A%A9%E7%8A%AC/

【図２－23】https://www.youtube.com/watch?v=a0TmeH2TZr4（動画）

【図２－24】https://www.jst.go.jp/pr/announce/20180530/index.html

【図２－25】https://www.hydronalix.com/emily

【図２－27】http://www.interaction-ipsj.org/archives/paper2012/data/Interaction2012/interactive/data/pdf/1EXB-31.pdf

【図２－28】https://robohon.com/product/point.php

【図２-29】https://robot.watch.impress.co.jp/cda/column/2008/12/25/1496.html

【図２-30：ＨＡＬ】https://www.cyberdyne.jp/products/LowerLimb_medical_jp.html

【図２-30：ATOUN MODEL Y】https://www.youtube.com/watch?v=ePgnCSApV9A（動画）

【図２-33：マッスルスーツ】https://innophys.jp/product/standard/

【図２-33：スマートスーツ】https://www.youtube.com/watch?time_continue=191&v=2OPnwp0i-Cs（動画）

【図２-34】https://skeletonics.com/product/

【図２-35】https://exiii-design.com/portfolio/handiii/

【図２-36：SHOEBILL】https://exiii-design.com/portfolio/shoebill/

【図２-37】https://today.uconn.edu/2018/09/cyborg-cockroach-someday-save-life/

【図２-38】https://www.hokuyu-aoth.org/special/davinci/

【図２-39】https://www.onaka-kenko.com/endoscope-closeup/endoscope-technology/et_06.html

【図２-41】https://www.nambu-y.jp/product/acsive/

【図２-42】https://www.paramount.co.jp/product/detail/index/30/P0006140

【図３-１：ＨＲＰ-３】https://www.aist.go.jp/aist_j/press_release/pr2007/pr20070621/pr20070621.html

【図３-１：ＨＲＰ-４Ｃ】https://www.aist.go.jp/aist_j/press_release/pr2009/pr20090316/pr20090316.html

【図３-１：ＨＲＰ-４】https://www.aist.go.jp/aist_j/press_release/pr2010/pr20100915/pr20100915.html

【図３-２】https://www.aist.go.jp/aist_j/press_release/pr2018/pr20180927/pr20180927.html

【図３-３】https://www.youtube.com/watch?v=LikxFZZO2sk（動画）
【図３-４】https://www.youtube.com/watch?v=n9fQ44iisW0（動画）
【図３-５】https://www.youtube.com/watch?v=L7qk9pQCCGg&feature=youtu.be（動画）
【図３-６】https://global.yamaha-motor.com/jp/showroom/motobot/index.html
【図４-１】https://www.aist.go.jp/aist_j/press_release/pr2003/pr20030313/pr20030313.html

【著者略歴】

木野仁（きの・ひとし）

福岡工業大学工学部に勤務する教授。博士(工学)。技術士(機械部門)。専門はロボット工学。

過去に日本ロボット学会・評議員および代議員、日本機械学会ロボティクス・メカトロニクス部門 第７地区 技術委員会・委員長などを務める。

著書に『イラストで学ぶロボット工学』（講談社、谷口忠大監修）、『あのスーパーロボットはどう動く―スパロボで学ぶロボット制御工学』(日刊工業新聞社、共著)、『ガンオタ教授のイギリス留学漂流記』（Kindle 版）などがある。

ガンダムを見て育ち、趣味が転じて大学教授を志すことになる。好きなモビルスーツはグフ、グフカスタム、イフリート改。ランバ・ラルやノリスなどおっちゃんキャラが好き。現在、ガンダム芸人としてデビューを目指し、修行中。剣道３段、柔道３段、少林寺拳法３段（2019 年現在)。

ロボットとシンギュラリティ
ロボットが人間を超える時代は来るか

2019 年 9 月 20 日　第一刷

著　者　　木野仁
発行人　　山田有司
発行所　　株式会社　彩図社
　　　　　東京都豊島区南大塚 3-24-4
　　　　　MTビル　〒 170-0005
　　　　　TEL：03-5985-8213　FAX：03-5985-8224
印刷所　　シナノ印刷株式会社

URL：http://www.saiz.co.jp
　　　https://twitter.com/saiz_sha

　ISBN978-4-8013-0397-3 C0050